ELEMENTOS

.

EUCLIDES

ELEMENTOS

V-IX

Traducción y notas de
MARÍA LUISA PUERTAS CASTAÑOS

GREDOS

La Biblioteca Clásica Gredos, fundada en 1977 y sin duda una de las más ambiciosas empresas culturales de nuestro país, surgió con el objetivo de poner a disposición de los lectores hispanohablantes el rico legado de la literatura grecolatina, bajo la atenta dirección de Carlos García Gual, para la sección griega, y de José Luis Moralejo y José Javier Iso, para la sección latina. Con más de 400 títulos publicados, constituye, con diferencia, la más extensa colección de versiones castellanas de autores clásicos.

Publicado originalmente en la BCG con el número 191, este volumen presenta la traducción de *Elementos*, libros V-IX (realizada por María Luisa Puertas Castaños).

Asesor de la colección: Luis Unceta Gómez.
La traducción de este volumen ha sido revisada por Paloma Ortiz García.

© de esta edición: RBA Libros y Publicaciones, S.L.U., 2026.
Avda. Diagonal 189 - 08018 Barcelona.
www.rbalibros.com

Primera edición en la Biblioteca Clásica Gredos: 1994.
Primera edición en este formato: marzo de 2026.

RBA • GREDOS
REF.: GNBC076
ISBN: 979-13-8789-623-2
DEPÓSITO LEGAL: B. 2.091-2026

Impreso en España – *Printed in Spain*

PEFC
PEFC/14-38-00302
www.pefc.es

NOTA SOBRE LA PRESENTE TRADUCCIÓN

La presente traducción sigue la edición de J. L. Heiberg y H. Mengue, *Euclidis Opera omnia*, vols. I-IV, Leipzig, 1883-1886. Como en el volumen anterior, pongo entre paréntesis aquellas palabras o frases que no aparecen en el texto griego y que considero necesarias para la comprensión del mismo.

Por otra parte, dada la importancia de la formulación original de la relación de proporción *hos... hoútos:* «como... es a..., así... es a...», mantendré esta traducción, a pesar de que en castellano su forma más frecuente es: «...es a... como... es a...».

Conste, en fin, mi agradecimiento a Luis Vega por su colaboración en las notas.

LIBRO V

1. Una magnitud es parte de una magnitud, la menor de la mayor, cuando mide a la mayor[1].
2. Y la mayor es múltiplo de la menor cuando es medida por la menor.
3. Una razón es determinada relación con respecto a su tamaño entre dos magnitudes homogéneas[2].

---

[1] *Méros* «parte» se utiliza en los *Elementos* en dos sentidos: a) el más general de la noción común 5: «El todo es mayor que la parte»; b) como aquí, con el significado más restringido de lo que hoy llamaríamos «submúltiplo» o «parte alícuota». En este mismo sentido se utiliza en VII, Def. 3, cuya única diferencia con esta definición es el uso de «número» en lugar de «magnitud».

Aristóteles, *Metafísica* 1023b12, hace la siguiente precisión: «Se llama parte en un sentido aquello en que puede ser dividida una cantidad (pues siempre lo que se quita de una cantidad en cuanto cantidad se llama parte de ella: por ejemplo se dice que dos es en cierto sentido parte de tres) y en otro sentido (se llama parte) solo a aquellas de entre ellas que miden al todo».

La noción de medida y la relación de medir a (y ser medido por) quedan indefinidas.

[2] *Schésis katà pēlikótēta* «relación con respecto a su tamaño». El sentido más común de *pēlíkos* es «cuán grande» referido con frecuencia a la edad. Nicómaco distingue entre *pēlíkos* referido a magnitud y *posós*

4. Se dice que guardan razón entre sí las magnitudes que, al multiplicarse, pueden exceder una a otra[3].

---

referido a cantidad. Jámblico, a su vez, establece la diferencia entre *pēlícon*, que es continuo, como objeto de la geometría, y *posón*, que es discreto, como objeto de la aritmética. Tolemeo habla del «tamaño» de las cuerdas de un círculo. Simson traduce por «magnitud»; De Morgan prefiere una interpretación como «cuantuplicidad». «Tamaño» me parece la más acorde con el uso griego.

Por otro lado, Hankel y Simson, siguiendo a Barrow (*Lectiones Cantabrigienses*, Londres, 1684, Lect. III de 1666), piensan que esta definición es demasiado general y vaga, tiene un aire de noción más filosófica que matemática y apenas desempeña ningún papel en la teoría euclídea de la proporción. Hankel la considera además sospechosa por el uso de *katà pēlikóteta*, ya que esta expresión solo aparece otra vez en VI, Def. 5 (*pēlikótētes*). Simson sugiere la posibilidad de que sea una interpolación debida a un editor «menos inteligente que Euclides» (Simson, *Los seis primeros libros y el undécimo y duodécimo de los Elementos de Euclides*, págs. 308-309. Por lo demás, aparece en todos los manuscritos y no hay suficientes razones para no considerarla genuina.

Lógos, por otra parte, se aplicaba en principio a «razón» únicamente entre conmensurables frente a *álogos* «inconmensurable». En el libro V de los *Elementos* adquiere un sentido más amplio que abarca la razón de magnitudes tanto conmensurables como inconmensurables, pues ambas tienen la posibilidad de exceder una a otra cuando se multiplican.

Entre las definiciones 3 y 4, dos mss. y Campano insertan las siguientes palabras: *analogía dè hē tòn lógōn tautótēs*, «proporción es la igualdad de razones». Se trata de una interpolación posterior a Teón sacada de las obras de aritmética. Aristóteles habla de proporción como «igualdad de razones» en *Ética Nicomáquea* V 6, 1131a31, pero está claro que se refiere a números.

[3] Los intérpretes de la teoría euclídea de la proporción han tomado esta definición en diversos sentidos. Hay quienes la han visto como una generalización de la relación de razón entre magnitudes homogéneas (V, Def. 3), capaz de cubrir tanto magnitudes conmensurables como magnitudes inconmensurables; pero esta es una distinción no pertinente en el presente contexto. Más justo sería entender que la def. 4 excluye la mediación de dicha relación entre una magnitud finita y otra infinita del

5. Se dice que una primera magnitud guarda la misma razón[4] con una segunda que una tercera con una cuar-

---

mismo género. Hay quienes amplían esta exclusión a las magnitudes infinitamente grandes e infinitamente pequeñas. Es cierto que el ámbito al que se refiere la teoría carece de una magnitud máxima, por esta def. 4, y de una magnitud mínima, por la proposición X 1. También cabe pensar que la matemática griega «clásica» viene a soslayar así ciertos usos del infinito en un sentido semejante al declarado por Aristóteles: los matemáticos no necesitan servirse de la idea de infinito (actual); les basta considerar objetos de la magnitud que quieran (*Física* 207b30 ss.), habida cuenta de la posibilidad de ir más allá de una magnitud finita dada, bien mediante adiciones sucesivas (en la línea de la def. 4) o bien mediante sustracciones sucesivas (en la línea de la prop. X 1).

En este punto parece obligado recordar un lema implícito en ciertas pruebas atribuidas a Eudoxo, que Arquímedes formulará como una asunción [*lambanómenon*] expresa: dadas dos magnitudes geométricas desiguales (líneas, superficies, sólidos), la mayor excede a la menor en una magnitud tal que, añadida sucesivamente a sí misma, puede exceder a su vez a cualquier magnitud del mismo género que las relacionadas (*Sobre la esfera y el cilindro* I, lamb. 5; en *Sobre espirales*, la suposición se restringe a líneas y áreas; en *Sobre la cuadratura de la parábola*, a áreas). Así pues, cabe considerar que esta asunción de Arquímedes no se identifica con la def. 4, sino que en cierto modo la complementa. Euclides define una relación de razón entre magnitudes homogéneas en general por referencia a la multiplicación; Arquímedes postula, en cambio, una condición precisa para ciertas clases de magnitudes homogéneas (líneas, superficies, sólidos) y se remite a la adición de diferencias (una referencia similar hará Euclides luego, en la prop. X 1). Pero así mismo cabe sospechar que el proceder de Euclides es una reelaboración más alejada de las primicias eudoxianas que la vía de explicitación directa y específica seguida por Arquímedes.

[4] Por regla general, adoptaré la expresión «guardar la misma razón» como traducción común de las diversas formulaciones de esta relación de proporción que aparecen en el texto: e.g. «estar en la misma razón [*en tôi autôi lógōi eînai*]», en esta def. 5; o «tener la misma razón [*tòn autòn lógon échein*]», en la def. 6. Por lo demás, la fórmula más corriente en las proposiciones será: «como ... (es) a ..., así ... (es) a ... [*hōs ... pròs ...*,

ta, cuando cualesquiera equimúltiplos de la primera y la tercera excedan a la par, sean iguales a la
par o resulten inferiores a la par, que cualesquiera
equimúltiplos de la segunda y la cuarta, respectivamente y tomados en el orden correspondiente[5].
6. Llámense proporcionales las magnitudes que guardan la misma razón[6].

---

hoútōs ... pròs ...» —una variante: *hoîos ... potì ..., kaì ... potì ...*, que podría ser anterior, aparece en Arquitas B 2.

[5] Suele considerarse que esta def. V, 5, constituye la piedra angular
de la teoría de la proporción. Desde luego, suministra un criterio necesario y suficiente de proporcionalidad. Por otro lado, además de su importancia sistemática, ha adquirido relieve en una perspectiva histórica.
No solo podría ser una clave para determinar las relaciones entre el legado de Eudoxo y la reelaboración de Euclides; también reviste importancia a la hora de apreciar la suerte conocida por las versiones posteriores de la teoría euclídea misma. Por último, no estará de más advertir
cierta diferencia entre la forma lógica de esta definición y la forma lógica de su aplicación habitual en las proposiciones demostradas por su
mediación. La forma lógica de la def. 5 viene a ser la de una disyunción
de conjunciones: siendo a, b, c, d unas magnitudes del dominio de la
teoría, y m, n unos números naturales cualesquiera, se da una proporción
$a: b:: c: d$ si y solo si: o $((m.a > n.b)$ y $(m.c > n.d))$ o $((m.a = n.b)$ y $(m.c = n.d))$ o $((m.a < n.b)$ y $(m.c < n.d))$. Sin embargo, la forma lógica de su
aplicación en la proposición V 11, por ejemplo, corresponde más bien a
una conjunción de condiciones: (si $m.a > n.b$, entonces $m.c > n.d$) y (si
$m.a = n.b$, entonces $m.c = m.d$) y (si $m.a < n.b$, entonces $m.c < n.d$). Estas
dos formas, de suyo, no son lógicamente equivalentes ni, por cierto, la
primera implica la segunda. Pero en el contexto de la teoría, devienen
efectivamente equivalentes gracias a la suposición implícita de que las
magnitudes consideradas constituyen un sistema de objetos totalmente
ordenado.

[6] Más literalmente: «llámense en proporción» (*análogon kaleísthō*).
El uso de *kaleísthō* parece indicar que se trata de una estipulación del
propio Euclides. *Análogon* es una expresión adverbial con un uso mar-
cadamente especializado en matemáticas. Su sentido se corresponde con

7. Entre los equimúltiplos, cuando el múltiplo de la primera excede al múltiplo de la segunda pero el múltiplo de la tercera no excede al múltiplo de la cuarta, entonces se dice que la primera guarda con la segunda una razón mayor que la tercera con la cuarta[7].

---

el de la expresión formularia *anà lógon*, empleada antes de Euclides: aparece, por ejemplo, en el fragmento B 2 de Arquitas sobre las proporciones musicales, en Platón (e.g. *Fedón*, 110d), o en Aristóteles (e.g. *Meteor*. 367a30 ss.). A. Szabó: *Anfänge der griechischen Mathematik*, Budapest, 1969, II §§ 13-16, propone algunas conjeturas filológicas e históricas de interés sobre el significado matemático de ambas expresiones. Euclides, por su parte, se sirve de *análogon* con cierta libertad, por ejemplo: para referirse a las magnitudes proporcionales en su conjunto —como en esta def. 6 o en la def. 9—, o para referirse a un término proporcional (a «una proporcional») —como en las props. VI 12, 16—. Por lo demás, esta especialización relativamente técnica de *análogon* no es compartida por otros términos relacionados como el sustantivo *analogía* o el adjetivo *análogos*, que enmarcan su posible significación matemática en una gama de usos más amplios, dentro de un sentido general de paralelismo, correspondencia o semejanza.

[7] Esta definición depara un criterio de no proporcionalidad y completa, tras las defs. 4 y 5, el núcleo básico de la teoría euclídea. Sin embargo, también convendría declarar un supuesto adicional: la existencia de un cuarto término proporcional —obra tácitamente por ejemplo en la prueba de la prop. V 18, y solo más adelante, en VI 12, Euclides se detiene a demostrar un caso particular: dadas tres rectas, hallar una cuarta proporcional—. Si a esta suposición se añade una condición de tricotomía congruente con el sistema ordenado de magnitudes al que se refiere la teoría, Euclides puede disponer de un recurso suplementario para probar una proposición (i.e. que *a* es a *b* como *c* es a *d*), a saber: la reducción al absurdo de las alternativas de no proporción (i.e. que la razón de *a* a *b* sea mayor, o sea menor, que la razón de *c* a *d*). Por otra parte, al margen de la deuda que la def. 5 tuviera contraída con algún criterio de proporcionalidad avanzado por Eudoxo, esta definición 7 parece, según todos los visos, original de Euclides.

8. Una proporción entre tres términos es la menor posible[8].

9. Cuando tres magnitudes son proporcionales, se dice que la primera guarda con la tercera una razón duplicada de la que (guarda) con la segunda.

10. Cuando cuatro magnitudes son proporcionales, se dice que la primera guarda con la cuarta una razón triplicada de la que (guarda) con la segunda, y así siempre, sucesivamente, sea cual fuere la proporción[9].

---

[8] Hankel cree que la presente definición ha sido interpolada, pues es superflua y utiliza, contra la costumbre de Euclides, la palabra *hóros* para el término de una proporción. Pero ya Aristóteles utiliza *hóros* en este sentido (*Ética Nicomáquea*, 1131a31 ss.): «La proporción es una igualdad de razones y requiere, por lo menos, cuatro términos. Claramente, la proporción discreta requiere cuatro términos; pero también la continua, porque se sirve de uno de ellos como dos y lo menciona dos veces».

La distinción entre discreta y continua parece remontarse a los pitagóricos (cf. NICÓMACO, II 21, 5; 23, 2, 3) donde se utiliza *synēmméne* en lugar de *synechés*. Euclides no emplea los términos *dierēmménē* y *synechés* en esta correlación.

Por otra parte, las primeras palabras de la Def. 9, «cuando tres magnitudes son proporcionales», que parecen referirse a la def. 8, apoyan la idea de que esta última es genuina.

[9] Está claro que «razón duplicada, triplicada... etc.» son meros casos particulares de la razón compuesta, siendo, de hecho, razones compuestas de dos, tres, etc. razones iguales.

Los geómetras griegos llamaban razón duplicada y triplicada a las que son iguales, respectivamente, al cuadrado y al cubo de una razón. Euclides utiliza los términos *diplasíōn* y *triplasíōn* y no *diplásios* y *triplásios* porque estos últimos se usaban frecuentemente en el sentido de razones de 2 a 1, 3 a 1, etc. En este caso, su esfuerzo por introducir rigor en la terminología tuvo un éxito solo parcial, pues encontramos varios ejemplos de uso indiscriminado de estos términos en Arquímedes, Nicómaco y Papo.

11. Se llaman magnitudes correspondientes las antecedentes en relación con las antecedentes y las consecuentes con las consecuentes[10].

12. Una razón *por alternancia* consiste en tomar el antecedente en relación con el antecedente y el consecuente en relación con el consecuente[11].

13. Una razón *por inversión* consiste en tomar el consecuente como antecedente en relación con el antecedente como consecuente[12].

14. La composición de una razón consiste en tomar el

Las cuatro magnitudes de la Def. V, 10, deben estar, por supuesto, en proporción continua aunque el texto griego no lo haga constar.

[10] Utilizo «correspondientes» para verter *homóloga*, en vez del cultismo «homólogas» empleado en otras versiones al español. Euclides parece estipular aquí cierto sentido técnico para un término de uso común, y a esta actitud quiere aproximarse la versión presente. El sentido inicialmente previsto por Euclides se generalizó más tarde y, a partir de Arquímedes, *homólogos* llegó a significar unos elementos geométricos (segmentos, lados, diámetros) que ocupan parejo lugar en dos figuras que se comparan. Quizás en los *Elementos* VI 19, 20, ya se den algunos pasos hacia esta generalización.

[11] A partir de aquí nos encontramos con una serie de términos que se refieren a diversas transformaciones de razones o proporciones. En lás definiciones 12-17, Euclides los aplica a razones cuando describirían mejor proporciones, tal vez porque, al referirlas a proporciones, parecería que asume algo que todavía no se ha probado (cf. V 16, 7 por., 18, 17, 19 por.).

Enalláx «por alternancia», término general que no se usa exclusivamente en matemáticas, lo encontramos ya en Aristóteles (*Analíticos Segundos* I 5, 74a18: *kaì tò análogon hoti enalláx*) «y que una proporción es por alternancia». En términos matemáticos se podría expresar de la siguiente forma: *a: b:: c: d → a: c:: b: d*.

[12] *Anápalin* «por inversión», término general que no se usa solo en matemáticas, lo encontramos ya en Aristóteles aplicado a las proporciones (*Del cielo* I 6, 273b32). En términos matemáticos: *a: b:: c: d → b: a:: c: d*.

antecedente junto con el consecuente como una sola (magnitud) en relación con el propio consecuente[13].

15. La separación de una razón consiste en tomar el exceso por el que el antecedente excede al consecuente en relación con el propio consecuente[14].

16. La conversión de una razón consiste en tomar el antecedente en relación con el exceso por el que el antecedente excede al consecuente[15].

---

[13] *Sýnthesis lógou* «composición de una razón» no es lo mismo que *synkeímenos lógos* «razón compuesta». Sin embargo, la distinción entre ambas no está clara en Euclides, que, por ejemplo, en V 17, utiliza *synkeímenos* refiriéndose a la composición de una razón. Los geómetras posteriores a Euclides utilizan *synthénti* o *katà sýnthesin* (Arquímedes) para referirse a la composición de una razón en un intento de deshacer la ambigüedad de los términos que todavía aparece en Euclides. Por otra parte los verbos *syntíthēmi* y *synkeimai* se utilizan también como «sumar» en otros contextos.

Sýnthesis lógou en expresión matemática:

$$a : b :: c : d \;\rightarrow\; (a + b) : b :: (c + d) : d$$

[14] *Diaíresis lógou* se refiere a la transformación:

$$a : b :: c : d \;\rightarrow\; (a - b) : b :: (c - d) : d$$

Así como la «composición de una razón» se obtenía sumando el antecedente con el consecuente, la «separación de una razón» se obtiene restando el consecuente del antecedente. Sin embargo, la palabra griega *diaíresis* hace referencia a la «división» de una razón, lo mismo que *dielónti* por oposición a *synthénti*. Por otra parte, los términos griegos *synthénti* y *dielónti* dan lugar al uso de los latinos *componendo* y *separando* desde la Edad Media hasta nuestros días. Por todo ello, «separación de una razón» me parece la versión más adecuada.

[15] *Anastrophḗ* «por conversión»:

$$a : b :: c : d \;\rightarrow\; a : (a - b) :: c : (c - d)$$

La traducción al latín *convertendo* del participio *anastrépsanti*, paralelo a *synthénti* y *dielónti*, ha sido utilizada también desde la Edad Media.

17. Una razón *por igualdad*[16] se da cuando, habiendo varias magnitudes y otras iguales a ellas en número que, tomadas de dos en dos, guardan la misma razón, sucede que como la primera es a la última —entre las primeras magnitudes—, así —entre las segundas magnitudes— la primera es a la última; o, dicho de otro modo, consiste en tomar los extremos sin considerar los medios[17].

---

[16] *Di'ísou lógos* parece referirse a «igual distancia o intervalo», es decir, después de un número igual de términos intermedios. Una vez más la definición se aplicaría mejor a proporciones que a razones, pero no se prueba hasta V 22. Por tanto, la definición sirve solo para dar nombre a cierta inferencia que es de constante aplicación en matemáticas:

$$a : b :: A : B; b : c :: B : C ... j : k :: J : K \rightarrow a : k :: A : K$$

La expresión *di'ísou* no aparece con frecuencia en contextos no geométricos (cf. empero Platón, *República* 617b); e incluso en estos contextos suele emplearse a través de la invocación o aplicación de proposiciones euclídeas como V 22-23. Por otro lado, no deja de llamar la atención la composición un tanto explicativa de esta definición: «o, dicho de otro modo, ...». En ella —justamente en la primera parte de esta definición nominal de proporción por igualdad, la que precede a la versión alternativa en términos congruentes con las defs. anteriores— se ha visto uno de los posibles casos de contaminación del texto euclídeo mediante la interpolación de ciertos teoremas en las definiciones mismas; *vid.* G. Aujac, «Les définitions du livre V d'Euclide dans la collection Héronienne et dans las *Institutions* de Cassiodore», *Llull* 11/20 (1988), 5-18.

[17] Algunas fuentes (e.g. los mss. F, V, p; aunque no el ms. no teonino P) insertan a continuación una definición de proporción ordenada [*tetagménē analogía*]. Viene a ser la que existe cuando habiendo tres magnitudes y otras iguales a ellas en número, sucede que como el antecedente es al consecuente —entre las primeras—, así el antecedente es al consecuente —entre las segundas—, y como —entre las primeras— el consecuente es a alguna otra magnitud, así —entre las segundas— el consecuente es a alguna otra. La formulación original es un tanto elíptica y suele aparecer como una glosa al margen en los restantes mss. teoninos.

18. Una proporción perturbada[18] se da cuando habiendo tres magnitudes y otras iguales a ellas en número, sucede que como el antecedente es al consecuente —entre las primeras magnitudes—, así —entre las segundas magnitudes—el antecedente es al consecuente, y como el consecuente es a alguna otra (magnitud) —entre las primeras magnitudes—, así —entre las segundas magnitudes—alguna otra (magnitud) es al antecedente[19].

---

[18] *Tetaragménē* «perturbada» se usa cuando a tres magnitudes A, B, C se asignan otras tres a, b, c de modo que A: B:: b: c y B: C:: a: b. Describe un caso particular de la proporción «por igualdad».

[19] Los libros V y VI de los *Elementos* exponen la teoría griega «clásica» de la proporción. El libro V sienta unas bases conceptuales y deductivas, cuyo núcleo explícito podría contraerse a las definiciones 4, 5 y 7. El libro VI muestra diversas aplicaciones entre las que no faltan réplicas de resultados obtenidos anteriormente en el libro I (I 47) o en el II (II 5, 11, 14) por medios más sencillos, intuitivos y obedientes a los antiguos dictados de la Musa pitagórica —e.g. la aplicación de áreas—. Ahora Euclides desarrolla un legado no solo más abstracto y refinado sino más reciente: el núcleo de la teoría, en especial el criterio de comparación de equimúltiplos del que se hace eco la definición 5, suele atribuirse a Eudoxo de Cnido (*fl. c.* 368-365), miembro prominente de la Academia platónica. Hoy tenemos motivos para suponer que los matemáticos griegos del s. v ya habían conocido una noción numérica de razón; pero sus limitaciones se habían hecho manifiestas a raíz del tropiezo con las magnitudes inconmensurables. Hay, sin embargo, indicios que dan pie para conjeturar que el s. iv bien podría haber atisbado algún otro planteamiento afín al antiguo proceder «pitagórico», pero más comprensivo: en particular, la posibilidad de dar cuenta de razones y proporciones a partir de la noción de *anthyphaíresis* —o *antanáiresis*, cf. Aristóteles, *Tópicos* 158b2935—. (*Vid.*, por ejemplo, los estudios de W. R. KNORR, *The Evolution of Euclidean Elements*, Dordrecht-Boston, 1975; D. H. FOWLER, «Anthyphairetic ratio and Eudoxian proportion», *Archive for the History of Exact Sciences* 24 (1981), 69-72, y *The Mathematics of Plato's Academy. A New Reconstruction*, Oxford, 1987;

PROPOSICIÓN I

Si hay un número cualquiera de magnitudes respectivamente equimúltiplos de cualesquiera otras magnitudes iguales en número, cuantas veces una sea múltiplo de otra, tantas veces lo serán todas de todas.

Sean un número cualquiera de magnitudes AB, ΓΔ respectivamente equimúltiplos de cualesquiera otras magnitudes E, Z iguales en número.

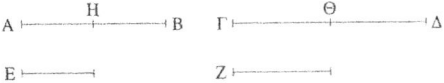

Digo que, cuantas veces AB sea múltiplo de E, tantas veces lo serán también AB, ΓΔ de E, Z.

J. L. Gardies, *L'héritage épistémologique d'Eudoxe de Cnide*, París, 1988). Lo cierto, en cualquier caso, es que la reelaboración euclídea del nuevo legado —«eudoxiano»— constituye una teoría de magnitudes proporcionales, al margen de su conmensurabilidad/inconmensurabilidad, que pasará a la historia como «la concepción griega» de la proporción.

La teoría euclídea de la proporción reviste sumo interés desde al menos tres puntos de vista: el historiográfico, el sistemático y el de su recepción y transmisión posterior. Es importante, en primer lugar, para comprender el desarrollo de la matemática griega antes de que esta quedara marcada por la obra de Euclides. Hoy no cabe aceptar sin reservas la imagen que los comentadores de Euclides —Proclo, en especial— han difundido de esa matemática anterior como una matemática tendenciosamente «pre-euclídea», llamada a encontrar su gozo y su corona en los *Elementos*. Antes he aludido a unas nociones precedentes, como la numérica de razón y la *anthyphairética* de proporción; ahora bien, la teoría de la proporcionalidad del libro V de los *Elementos* no es tanto una culminación como un olvido de esos posibles antecedentes (luego recobrados de modo parcial y un tanto sesgado en la aritmética del libro VII y en alguna proposición del libro X). La teoría generalizada de los

Pues dado que AB es equimúltiplo de E y ΓΔ de Z, entonces, cuantas magnitudes iguales a E hay en AB, tantas hay también en ΓΔ iguales a Z. Divídase AB en las magnitudes AH, HB iguales a E y ΓΔ en las (magnitudes) ΓΘ, ΘΔ iguales a Z; entonces el número de las (magnitudes) AH, HB será igual al número de las (magnitudes) ΓΘ, ΘΔ. Ahora bien, como AH es igual a E y ΓΘ a Z, entonces AH es igual a E y AH, ΓΘ a E, Z. Por lo mismo, HB es igual a E y HB, ΘΔ a E, Z; por tanto, cuantas (magnitudes) hay en AB iguales a E, tantas hay también en AB, ΓΔ iguales a E, Z; luego cuantas veces sea AB múltiplo de E, tantas veces lo serán también AB, ΓΔ de E, Z.

Por consiguiente, si hay un número cualquiera de magnitudes respectivamente equimúltiplos de cualesquiera otras magnitudes iguales en número, cuantas veces una sea múltiplo de otra, tantas veces lo serán también todas de todas. Q. E. D.

Elementos parte de la proporción como una relación tetrádica entre magnitudes homogéneas (al menos, por parejas, conforme a la def. V, 3) «*a* es a *b* como *c* es a *d*», cuya representación más adecuada sería el esquema «*a*: *b*:: *c*: *d*» en lugar del esquema diádico habitual «(*a, b*) = (*c, d*), y donde la noción de razón parece haber perdido su anterior entidad propia. Son sintomáticas la vaguedad alusiva de la def. 3 o las funciones más denominativas que operativas de otras definiciones que envuelven la idea de razón (e.g. las defs. V, 14-16); no faltan incluso definiciones equívocas que en apariencia hablan de razones cuando, en realidad, se refieren a proporciones o a variaciones que preservan la proporcionalidad (e.g. las defs. V, 12, o V, 17). Así pues, dos cuestiones significativas desde el punto de vista historiográfico son la peculiar «integración» del concepto de razón en esta nueva teoría generalizada de la proporción y las relaciones entre esta versión «clásica» de la proporcionalidad y otras posibles alternativas marginales, como la *anthyphairética*. Una cuestión adicional es la suscitada por las relaciones de filiación entre el legado presuntamente original de Eudoxo y la teoría expuesta en los *Elementos*.

PROPOSICIÓN 2

Si una primera (magnitud) es el mismo múltiplo de una segunda que una tercera de una cuarta, y una quinta es también el mismo múltiplo de la segunda que una sexta de la cuarta, la suma de la primera y la quinta será el mismo múltiplo de la segunda que la suma de la tercera y la sexta de la cuarta.

Pues sea la primera (magnitud), AB, el mismo múltiplo de la segunda, Γ, que la tercera, ΔE, de la cuarta, Z, y sea la quinta, BH, el mismo múltiplo de la segunda, Γ, que la sexta, EΘ, de la cuarta, Z.

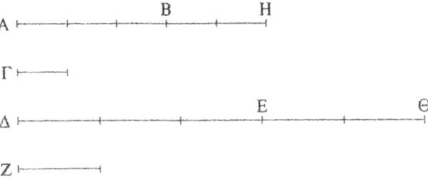

A la luz de alguna indicación de Aristóteles (e.g. en *Analíticos Segundos*, 74a17) y de las precisiones adoptadas luego por Arquímedes, cabe sospechar que la versión de Euclides difiere de las nociones avanzadas por Eudoxo más de lo que dan a entender los escoliastas del libro V que lo presentan como un hallazgo o una invención cabal de Eudoxo mismo.

La teoría tiene, en segundo lugar, la importancia sistemática que se deriva del intrigante juego entre sus bases expresas y sus suposiciones tácitas. De hecho, la explicitación y la reconstrucción estructural del núcleo de principios (axiomas y definiciones) de la teoría han venido a ser —ya desde su recepción árabe— una poderosa tentación para los mejores comentadores del libro V. Tanto es así que un criterio tradicional de la calidad de una versión o un comentario de los *Elementos* ha sido justamente el grado de comprensión y de penetración mostrado con respecto a esta teoría. Simson, por ejemplo, en su cuidada edición de 1756, se considera obligado a explicitar o añadir cuatro axiomas a las definiciones euclídeas:

Digo que la suma de la primera y la quinta, AH, es el mismo múltiplo de la segunda, Γ, que la (suma de) la tercera y la sexta, ΔΘ, de la cuarta, Z.

«I) Las cantidades equimultíplices de una misma cantidad, o de cantidades iguales, son entre sí iguales.

II) Las cantidades, de las cuales una misma cantidad es equimultíplice o cuyas equimultíplices son iguales, son también iguales entre sí.

III) La multíplice de una cantidad mayor es mayor que la equimultíplice de una menor.

IV) La cantidad, cuya multíplice es mayor que la equimultíplice de otra, es mayor que esta» (R. SIMSON, ed. española, Madrid, 1774, págs. 144-145 —vid. el listado de la «Introducción general» a EUCLIDES, Elementos I-IV (núm. 155 de la B.C.G.), VI, núm. 16—. Sobre la reconstrucción hoy establecida de su núcleo conceptual y deductivo pueden verse I. MUELLER, Philosophy of Mathematics and Deductive Structure in Euclid's Elements, Cambridge (Mass.)-Londres, 1981, 3, §§ 3.1-3.2, págs. 134-148; L. VEGA, La trama de la demostración, Madrid, 1990, 4, § 4.2, págs. 329-330.

La teoría tiene, en fin, la trascendencia histórica que le han deparado las circunstancias de su recepción y transmisión, en particular a través de las versiones arábigo-latinas de la Edad Media. No estará de más recordar que la depuración de algunas interpolaciones y confusiones debidas a esta tradición y difundidas por la influyente edición de Campano —por ejemplo, una definición espuria y abstrusa de «proporción continua»—, así como la explicitación progresiva de los supuestos operativos en la teoría, marcaron el desarrollo de la crítica textual de los Elementos antes de la —digamos— «revolución filológica» del s. XIX; las ediciones de Comandino (1572, 1575) o de Simson (1756) son brillantes muestras. Cuenta además con el interés añadido de haber contribuido a una incipiente matematización de la filosofía natural a través de, por ejemplo, Bradwardine (en la primera mitad del s. XIII) y Oresme (en la segunda mitad del s. XIV). E incluso, de creer a Lipschitz y a Dedekind (amén de algunos historiadores de nuestro tiempo), no habría sido ajena a la moderna fundamentación de los números reales mediante la reducción de un número irracional a una «cortadura» en el conjunto ordenado de los números racionales, en la medida en que esta «cortadura» equivaldría a la que una razón entre magnitudes inconmensurables pudiera

Pues, dado que AB es el mismo múltiplo de Γ que ΔE de Z, entonces, cuantas (magnitudes) hay en AB iguales a Γ, tantas hay también en ΔE iguales a Z. Y, por lo mismo, cuantas (magnitudes) hay en BH iguales a Γ, tantas hay también en EΘ iguales a Z; así pues, cuantas (magnitudes) hay en la (magnitud) entera AH iguales a Γ, tantas hay también en la (magnitud) entera ΔΘ iguales a Z; por tanto, cuantas veces AH es múltiplo de Γ, tantas veces lo será ΔΘ de Z. Luego la suma de la primera y la quinta, AH, será también el mismo múltiplo de la segunda, Γ, que la (suma de) la tercera y la sexta, ΔΘ, de la cuarta, Z.

Por consiguiente, si una primera (magnitud) es el mismo múltiplo de una segunda que una tercera de una cuarta y una quinta es también el mismo múltiplo de la segunda que una sexta de la cuarta, la suma de la primera y la quinta será el mismo múltiplo de la segunda que la suma de la tercera y la sexta de la cuarta. Q. E. D.

---

suponer en el contexto de la definición V, 5: bastaría (según dicen esos historiadores) asociar a una relación *a* /*b* irracional una partición en dos clases de números racionales *m* /*n*, los que son tales que *mb* > *ma* y los que son tales que *mb* < *ma*. Pero esta adaptación de la definición euclídea, aun siendo algebraicamente viable, no dejaría de ser un trasplante demasiado forzado en un marco tan alejado de los *Elementos* como los problemas de fundamentación y reducción de la teoría matemática del s. XIX.

Por lo demás, la teoría del libro V no necesita galas ajenas para brillar con luz propia en el contexto de los *Elementos*. Y bien se puede terminar esta desmesurada nota introductoria con lo que dice Simson como remate de sus anotaciones al libro V: «... concluida ya la enmienda del libro V, por fin de él asiento gustosísimo a la opinión de Cl. BARROW: es a saber 'que nada hay en toda la Obra de los *Elementos* inventado con mayor sutileza, establecido con más solidez, ni tratado con más exactitud que la doctrina de las proporcionales'» (R. SIMSON, *op. cit.*, pág. 322).

PROPOSICIÓN 3

Si una primera (magnitud) es el mismo múltiplo de una
segunda que una tercera de una cuarta, y se toman equi-
múltiplos de la primera y la tercera, también por igual-
dad[20] *cada una de las dos (magnitudes) tomadas serán*
equimúltiplos, respectivamente, una de la segunda, y la otra
de la cuarta.

Pues sea la primera, A, el mismo múltiplo de la segunda, B, que la tercera, Γ, de la cuarta, Δ, y tómense los
equimúltiplos EZ, HΘ de A, Γ.

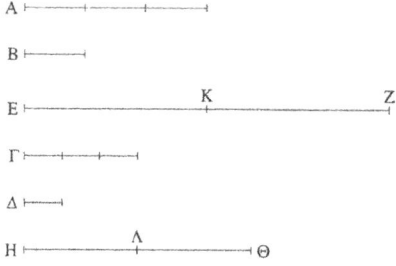

Digo que EZ es el mismo múltiplo de B que HΘ de Δ.

Pues dado que EZ es el mismo múltiplo de A que EZ de
Γ, entonces, cuantas (magnitudes) hay en EZ iguales a A,
tantas hay también en HΘ iguales a Γ. Divídase EZ en las
magnitudes EK, KZ iguales a A, y HΘ en las (magnitudes)
HΛ, ΛΘ iguales a Γ. Entonces el número de las (magnitudes) EK, KZ será igual al número de las (magnitudes) HΛ,

---

[20] Como Heiberg señala, el uso de *di'ísou* no hace referencia aquí a
la definición 17 de «razón por igualdad». Se trata, no obstante, de un uso
suficientemente parejo como para justificar su empleo en este enunciado.

ΛΘ. Y puesto que A es el mismo múltiplo de B que Γ de Δ, mientras que EK es igual a A y HΛ a Γ, entonces EK es el mismo múltiplo de B que HΛ de Δ. Por lo mismo KZ es el mismo múltiplo de B que ΛΘ de Δ. Así pues, dado que la primera, EK, es el mismo múltiplo de la segunda, B, que la tercera, HΛ, de la cuarta, Δ, y la quinta, KZ, también es el mismo múltiplo de la segunda, B, que la sexta, ΛΘ, de la cuarta, Δ; entonces la suma de la primera y la quinta, EZ, es también el mismo múltiplo de la segunda, B, que la (suma de) la tercera y la sexta, HΘ, de la cuarta, Δ [V, 2].

Por consiguiente, si una primera magnitud es el mismo múltiplo de una segunda que una tercera de una cuarta, y se toman equimúltiplos de la primera y la tercera, también, por igualdad, cada una de las dos (magnitudes) tomadas serán equimúltiplos, respectivamente, una de la segunda y la otra de la cuarta. Q. E. D.

PROPOSICIÓN 4

Si una primera (magnitud) guarda la misma razón con una segunda que una tercera con una cuarta, cualesquiera equimúltiplos de la primera y la tercera guardarán la misma razón con cualesquiera equimúltiplos de la segunda y la cuarta respectivamente, tomados en el orden correspondiente.

Pues guarde la primera (magnitud), A, la misma razón con la segunda, B, que la tercera, Γ, con la cuarta, Δ, y tómense los equimúltiplos E, Z de A, Γ, y otros equimúltiplos tomados al azar[21] H, Θ, de B, Δ.

---

[21] La versión tradicional de *hà étychen* por «cualesquiera» sería problemática en ciertos casos y encubriría el tono informal —desde el pun-

Digo que como E es a H, así Z es a Θ.

Pues tómense los equimúltiplos K, Λ de E, Z, y otros equimúltiplos tomados al azar, M, N de H, Θ.

Dado que E es el mismo múltiplo de A que Z de Γ, y se han tomado los equimúltiplos K, Λ de E, Z, entonces K es el mismo múltiplo de A que Λ de Γ [V, 3]. Por lo mismo M es el mismo múltiplo de B que N de Λ. Ahora bien, puesto que A es a B como Γ a Δ, y se han tomado los equimúltiplos K, Λ de A, Γ y otros equimúltiplos tomados al azar M, N de B, Δ, entonces, si K excede a M, Λ también excede a N, y si es igual, es igual, y si menor, menor [V, Def. 5]. Ahora bien, K, Λ son equimúltiplos de E, Z, y M, N otros equimúltiplos tomados al azar de H, Θ; por tanto como E es a H, así Z a Θ [V, Def. 5].

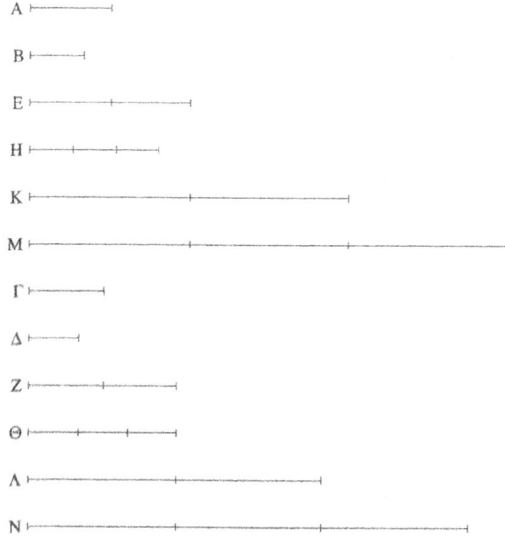

to de vista lógico— del texto griego original. Por ello opto por la traducción «al azar».

Por consiguiente, si una primera (magnitud) guarda la misma razón con una segunda que una tercera con una cuarta, cualesquiera equimúltiplos de la primera y la tercera guardarán la misma razón con cualesquiera equimúltiplos de la segunda y la cuarta respectivamente, tomados en el orden correspondiente. Q. E. D.

PROPOSICIÓN 5

Si una magnitud es el mismo múltiplo de otra que una (magnitud) quitada (a la primera) lo es de otra quitada (a la segunda), la (magnitud) restante (de la primera) será también el mismo múltiplo de la (magnitud) restante (de la segunda) que la (magnitud) entera de la (magnitud) entera.

Pues sea la magnitud AB el mismo múltiplo de la (magnitud) ΓΔ que la (magnitud) quitada AE de la (magnitud) quitada ΓΖ.

Digo que la (magnitud) restante EB será también el mismo múltiplo de la (magnitud) restante ΖΔ que la (magnitud) entera AB de la (magnitud) entera ΓΔ.

Así pues, cuantas veces sea AE múltiplo de ΓΖ, tantas veces lo sea EB de ΓΗ[22].

Y dado que AE es el mismo múltiplo de ΓΖ que EB de ΗΓ, entonces AE es el mismo múltiplo de ΓΖ que AB de ΗΖ [V, 1]. Pero

---

[22] Esta manera de expresar la construcción podría dar a entender que ΓΗ es una magnitud dada, mientras que EB debe ser hallada de modo que sea igual a cierto múltiplo de ΓΗ. Sin embargo, EB es la que ha sido dada y ΓΗ la que hay que hallar. Es decir, que ΓΗ debe ser construida como un submúltiplo de EB.

se ha asumido[23] que AE sea el mismo múltiplo de ΓZ que AB de ΓΔ. Por tanto, AB es el mismo múltiplo de cada una de las dos (magnitudes) HZ, ΓΔ; luego HZ es igual a ΓΔ. Quítese de ambas ΓZ; entonces la restante HΓ es igual a la restante ZΔ. Y puesto que AE es el mismo múltiplo de ΓZ que EB de HΓ, y HΓ es igual a ΔZ, entonces AE es el mismo múltiplo de ΓZ que EB de ZΔ. Pero se ha supuesto que AE es el mismo múltiplo de ΓZ que AB de ΓΔ; por tanto EB es el mismo múltiplo de ZΔ que AB de ΓΔ. Luego la restante (magnitud) EB también será el mismo múltiplo de ZΔ que la (magnitud) entera AB de la (magnitud) entera ΓΔ.

Por consiguiente, si una magnitud es el mismo múltiplo de otra que una (magnitud) quitada (a la primera) lo es de otra quitada (a la segunda), la (magnitud) restante (de la primera) será también el mismo múltiplo de la (magnitud) restante (de la segunda) que la (magnitud) entera de la (magnitud) entera. Q. E. D.

PROPOSICIÓN 6

Si dos magnitudes son equimúltiplos de dos magnitudes y ciertas (magnitudes) quitadas (de ellas) son equimúltiplos de estas (dos segundas), las restantes también son o iguales a las mismas o equimúltiplos de ellas.

Pues sean dos magnitudes AB, ΓΔ equimúltiplos de dos magnitudes E, Z, y sean las (magnitudes) quitadas AH, ΓΘ equimúltiplos de las mismas E, Z.

Digo que las (magnitudes) restantes HB, ΘΔ también son iguales a E, Z o equimúltiplos de ellas.

---

[23] *Keîtai* más literalmente: «se ha puesto».

Pues sea en primer lugar HB
igual a E.

Digo que ΘΔ es también igual
a Z.

Así pues, hágase ΓK igual a Z.

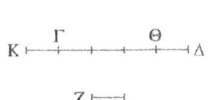

Dado que AH es el mismo múltiplo de E que ΓΘ de Z, y que HB es
igual a E y KΓ a Z, entonces AB es el mismo múltiplo de
E que KΘ de Z [V, 2]. Pero se ha supuesto que AB es el
mismo múltiplo de E que ΓΔ de Z; por tanto KΘ es el mismo múltiplo de Z que ΓΔ de Z. Así pues, dado que cada
una de las (magnitudes) KΘ, ΓΔ es el mismo múltiplo de
Z, entonces KΘ es igual a ΓΔ. Quítese de ambos ΓΘ;
entonces la (magnitud) restante KΓ es igual a la (magnitud) restante ΘΔ. Pero Z es igual a KΓ; entonces ΘΔ también es igual a Z. De modo que si HB es igual a E, también
ΘΔ será igual a Z.

De manera semejante demostraríamos que, si HB es
múltiplo de E, ΘΔ será también el mismo múltiplo de Z[24].

Por consiguiente, si dos magnitudes son equimúltiplos
de dos magnitudes, y ciertas (magnitudes) quitadas (de
ellas) son equimúltiplos de estas (dos segundas), las restantes también son o iguales a las mismas o equimúltiplos
de ellas. Q. E. D.[25].

---

[24] Lit.: «si es múltiplo de... tantas veces lo será...».

[25] R. Simson se cree obligado a añadir, tras esta proposición, cuatro
proposiciones derivadas de la Def. V, 5, que obran tácitamente no solo
en algunas pruebas de este mismo libro, sino en otras aplicaciones de la
teoría de la proporción en los *Elementos*. Son los teoremas siguientes.
A: «Si la primera cantidad [i.e., magnitud] tiene a la segunda la misma
razón que la tercera a la cuarta, será la tercera mayor, igual o menor que
la cuarta según sea la primera mayor, igual o menor que la segunda». B:
«Si cuatro cantidades fueren proporcionales, también inversamente se-

PROPOSICIÓN 7

Las (magnitudes) iguales guardan la misma razón con una misma (magnitud) y la misma (magnitud) guarda la misma razón con las (magnitudes) iguales.

Sean A, B las magnitudes iguales y Γ otra, tomada al azar[26].

A ├─────┤ Δ ├──────┼──────┼──────┼──────┤

B ├─────┤ E ├──────┼──────┼──────┼──────┤

Γ ├─────┤ Z ├──────┼──────┼──────┼──────┤

Digo que cada una de las (magnitudes) A, B guarda la misma razón con Γ y Γ con cada una de las (magnitudes) A, B.

Pues tómense los equimúltiplos Δ, E de A, B y otro equimúltiplo al azar, Z de Γ.

Así pues, dado que Δ es el mismo múltiplo de A que E de B, y A es igual a B, entonces Δ es también igual a E. Pero Z es otra (magnitud) tomada al azar. Entonces, si Δ excede a Z, E también excede a Z, y si es igual es igual, y si es menor, menor. Ahora bien, Δ, E son equimúltiplos de A, B, y Z otro equimúltiplo, al azar, de Γ; entonces, como A es a Γ, así B es a Γ [V, Def. 5].

_____

rán proporcionales». C: «Si la primera cantidad fuese igual multíplice o la misma parte de la segunda que la tercera lo es de la cuarta, la primera será a la segunda como la tercera a la cuarta». D: «Si la primera cantidad fuese a la segunda como la tercera a la cuarta, y la primera fuese multíplice o parte de la segunda, la tercera será la misma multíplice o la misma parte de la cuarta» (SIMSON, ed. cit., págs. 121-123, y notas, págs. 312-314). Las razones de Simson para estas adiciones parecen más pendientes de los comentarios suscitados por la presentación de Euclides que de la teoría misma del libro V.

[26] Se trata del mismo uso de *hà étychen* que en la proposición 4. Cf. nota 21.

Digo que Γ guarda también la misma razón con cada una de las (magnitudes) A, B.

Pues, siguiendo la misma construcción, demostraríamos de manera semejante que Δ es igual a E; pero Z es alguna otra (magnitud), entonces, si Z excede a Δ, excede también a E, y si es igual, también es igual, y si es menor, menor. Ahora bien, Z es múltiplo de Γ, mientras que Δ, E son otros equimúltiplos, tomados al azar de A, B; por tanto, como Γ es a A, así Γ es a B [V, Def. 5].

Por consiguiente, las (magnitudes) iguales guardan la misma razón con una misma (magnitud) y la misma (magnitud) (guarda la misma razón) con las (magnitudes) iguales.

Porisma:

A partir de esto queda claro que, si algunas magnitudes son proporcionales, también son proporcionales por inversión [V, Def. 13]. Q. E. D.

PROPOSICIÓN 8

De magnitudes desiguales, la mayor guarda con una misma (magnitud) una razón mayor que la menor, y la misma (magnitud) guarda con la menor una razón mayor que con la mayor.

Sean AB, Γ magnitudes desiguales, y sea la mayor AB, y otra, al azar, Δ.

Digo que AB guarda con Δ una razón mayor que Γ con Δ, y Δ guarda con Γ una razón mayor que con AB.

Pues como AB es mayor que Γ, hágase BE igual a Γ, entonces la menor de las (magnitudes) AE, EB, multiplicada, será alguna vez mayor que Δ [V, Def. 4]. En primer lugar, sea AE menor que EB, y multiplíquese AE, y sea su

múltiplo ZH que es mayor que Δ, y, cuantas veces ZH
es múltiplo de AE, tantas veces lo sea también HΘ de EB
y K de Γ; tómese Λ doble de Δ y M triple (de Δ), y así
sucesivamente[27] hasta que el múltiplo tomado de Δ sea el
primero mayor que K. Tómese y sea N, el cuádruplo de Δ,
el primero mayor que K.

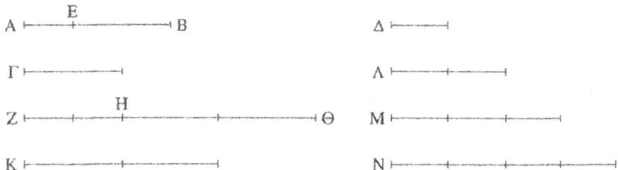

Así pues, dado que K es el primero menor que N, entonces K no es menor que M; y, dado que ZH es el mismo
múltiplo de AE que HΘ de EB, entonces ZH es el mismo múltiplo de AE que ZΘ de AB [V, 1]. Ahora bien, ZH
es el mismo múltiplo de AE que K de Γ; luego ZΘ es el
mismo múltiplo de AB que K de Γ. Por tanto ZΘ, K son
equimúltiplos de AB, Γ. Como HΘ es a su vez el mismo
múltiplo de EB que K de Γ, y EB es igual a Γ, entonces
HΘ es también igual a K; pero K no es menor que M; por
tanto HΘ tampoco es menor que M. Pero ZH es mayor
que Δ; así pues, la (magnitud) entera ZΘ es mayor que Δ
y M juntas.

Ahora bien, Δ y M juntas son iguales a N, puesto que
M es efectivamente el triple de Δ, mientras que M y Δ
juntas son el cuádruple de Δ, y N es también el cuádruple
de Δ; por tanto M y Δ juntas son iguales a N. Pero ZΘ es
mayor que M, Δ; luego ZΘ excede a N; mientras que K no

---

[27] *Kaì hexès henì pleîon*, en el sentido de múltiplos sucesivamente
incrementados de uno en uno.

excede a N. Y ZΘ, K son equimúltiplos de AB, Γ, mientras que N es otro (múltiplo), tomado al azar, de Δ; por consiguiente AB guarda una razón mayor con Δ que Γ con Δ [V, Def. 7].

Digo además que Δ guarda también una razón mayor con Γ que Δ con AB.

Pues, siguiendo la misma construcción, demostraríamos de manera semejante que N excede a K, mientras que N no excede a ZΘ. Y N es múltiplo de Δ, mientras que ZΘ, K son otros equimúltiplos tomados al azar de AB, Γ; por consiguíente Δ guarda con Γ una razón mayor que Δ con AB [V, Def. 7].

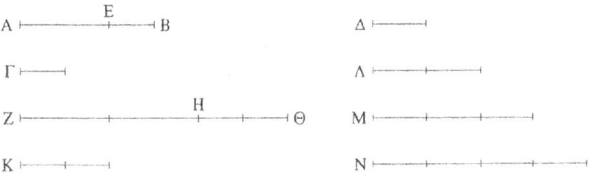

Sea ahora AE mayor que EB. Entonces la menor EB, multiplicada, será alguna vez mayor que Δ [V, Def. 4]. Multiplíquese y sea HΘ un múltiplo de EB, y mayor que Δ; y, cuantas veces HΘ es múltiplo de EB, tantas veces sea también ZH múltiplo de AE y K de Γ. De manera semejante demostraríamos que ZΘ, K son equimúltiplos de AB, Γ; tómese parejamente N como múltiplo de Δ y el primero mayor que ZH; de modo que de nuevo ZH no es menor que M, y HΘ es mayor que Δ; entonces la (magnitud) entera ZΘ excede a Δ, M, es decir, a N. Pero K no excede a N, puesto que ZH que es mayor que HΘ, es decir, que K, tampoco excede a N. Y del mismo modo siguiendo los pasos de arriba completamos la demostración.

Por consiguiente, de las magnitudes desiguales, la ma-

yor guarda con una misma (magnitud) una razón mayor
que la menor; y la misma (magnitud) guarda con la menor
una razón mayor que con la mayor. Q. E. D.

PROPOSICIÓN 9

*Las (magnitudes) que guardan con una misma (magni-
tud) la misma razón son iguales entre sí; y aquellas con
las que una misma (magnitud) guarda la misma razón,
son iguales.*

Pues guarde cada una de las (magnitudes) A, B la misma razón con Γ.

Digo que A es igual a B.

A ├───────┤   B ├───────┤

Γ ├─────────┤

Pues, si no, cada una de las
(magnitudes) A, B no guardaría
la misma razón con Γ [V, 8]; pero la
guarda; luego A es igual a B.

Guarde a su vez Γ la misma razón con cada una de las
(magnitudes) A, B.

Digo que A es igual a B.

Pues, si no, Γ no guardaría la misma razón con cada
una de las (magnitudes) A, B [V, 8]; pero la guarda; luego
A es igual a B.

Por consiguiente, las (magnitudes) que guardan con
una misma (magnitud) la misma razón son iguales entre
sí; y aquellas con las que una misma (magnitud) guarda la
misma razón, son iguales. Q. E. D.

PROPOSICIÓN 10

*De las (magnitudes) que guardan razón con una
misma (magnitud), la que guarda una razón mayor, es
mayor. Y aquella con la que la misma (magnitud) guarda
una razón mayor, es menor.*

Pues guarde A con Γ una razón mayor que B con Γ.
Digo que A es mayor que B.
Pues, si no, o A es igual a B o es
menor. Ahora bien, A no es igual a
B: pues (entonces) cada una de las
(magnitudes) A, B guardaría la mis-

ma razón con Γ [V, 7]; pero no la guarda; luego A no es igual
a B. Ahora bien, A tampoco es menor que B: pues (entonces)
A guardaría con Γ una razón menor que B con Γ [V, 8]; pero
no la guarda; luego A no es menor que B. Y se ha demostrado que tampoco es igual. Por tanto A es mayor que B.

Guarde a su vez Γ con B una razón mayor que Γ con A.
Digo que B es menor que A.
Pues, si no, o es igual o es mayor. Ahora bien, B no es
igual a A: pues (entonces) Γ guardaría con cada una de las
(magnitudes) A, B la misma razón [V, 7]; pero no la guarda; luego A no es igual a B. Ahora bien, tampoco B es
mayor que A: pues (entonces) Γ guardaría una razón menor con B que con A [V, 8]; pero no la guarda; luego B no
es mayor que A. Y se ha demostrado que tampoco es igual;
por tanto B es menor que A.

Por consiguiente, de las (magnitudes) que guardan razón con una misma (magnitud), la que guarda una razón
mayor, es mayor. Y aquella con la que la misma (magnitud) guarda mayor razón, es menor. Q. E. D.[28].

_____

[28] En esta proposición introduce Euclides unas nociones de razón

PROPOSICIÓN I I

Las razones que son iguales a una misma razón son también iguales entre sí[29].

Pues, como A es a B sea así Γ a Δ, y, como Γ es a Δ así E a Z.

Digo que como A es a B así E es a Z.

Tómense los equimúltiplos H, Θ, K de A, Γ, E y otros equimúltiplos, tomados al azar, Λ, M, N de B, Δ, Z.

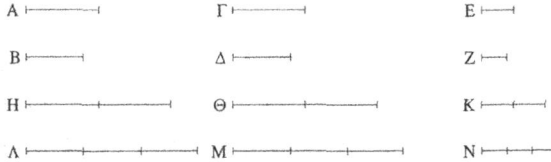

Y puesto que como A es a B, así Γ es a Δ, y se han tomado los equimúltiplos H, Θ de A, Γ, y otros equimúltiplos, toma-

---

mayor o menor en un contexto en el que la referencia a la def. V, 7, puede ser insuficiente. Como se ha observado reiteradamente (desde Simson, 1756 —*vid*. ed. cit., notas, págs. 315-317—; cf. Heath, ed. cit., II, págs. 156-157), no se deben aplicar de modo inmediato a las razones las condiciones estipuladas o supuestas para las magnitudes, en particular la condiciónde tricotomía o el corolario destacado por Simson: que una magnitud no puede ser a la vez mayor o menor que otra (SIMSON, ed. cit., pág. 316). El propio Euclides vendrá a probar en la proposición siguiente que las razones iguales a una misma razón son iguales entre sí, pese a disponer de la noción común 1 («las cosas iguales a una misma cosa son iguales entre sí»); en esta prop. V 11, Euclides, en vez de considerar una aplicación directa de esta noción común, desarrollará una prueba específica de la igualdad entre razones.

[29] Por razones estilísticas traduzco *hoi autoí* por «iguales», pues en este caso son expresiones equivalentes. Sigo, por otra parte, al traductor anónimo de Simson.

dos al azar, Λ, M de B, Δ, entonces, si H excede a Λ, también
Θ excede a M, y si es igual, es igual, y si menor, menor.

Asimismo, puesto que E es a Z como Γ es a Δ, y se han
tomado los equimúltiplos Θ, K de Γ, E y otros equimúltiplos, tomados al azar, M, N de Δ, Z, entonces, si Θ excede
a M, también K excede a N, y si es igual, es igual, y si
menor, menor. Pero si Θ excede a M, también H excede a
Λ, y si es igual, es igual, y si menor, menor; de modo que,
si H excede a Λ, K excede también a N, y si es igual, es
igual, y si menor, menor. Ahora bien, H, K son equimúltiplos de A, E, y Λ, N otros equimúltiplos, tomados al azar,
de B, Z; por tanto, como A es a B, así E a Z.

Por consiguiente, las razones que son iguales a una
misma razón, también son iguales entre sí. Q. E. D.

PROPOSICIÓN 12

*Si un número cualquiera de magnitudes fueren propor-
cionales, como sea una de las antecedentes a una de las
consecuentes, así serán todas las antecedentes a las consecuentes*[30].

Sean A, B, Γ, Δ, E, Z un número cualquiera de magnitudes proporcionales, (de modo que) como A es a B, así
son Γ a Δ y E a Z.

Digo que como A es a B, así serán A, Γ, E a B, Δ, Z.

Tómense pues los equimúltiplos H, Θ, K de A, Γ, E y
otros equimúltiplos, tomados al azar, Λ, M, N de B, Δ, Z.

---

[30] Expresión algebraica: si *a*: *a* ':: *b*: *b* ':: *c*: *c* '..., cada razón es igual
a la razón (*a* + *b* + *c* +...): (*a* ' + *b* ' + *c* '...). Este teorema aparece en
ARISTÓTELES, *Ética Nicomáquea* V 5 1131b14, en la forma abreviada:
«El todo es al todo como cada parte es a cada parte».

Ahora bien, puesto que Γ es a Δ y E a Z como A es a B; y se han tomado los equimúltiplos H, Θ, K de A, Γ, E; y otros equimúltiplos, tomados al azar, Λ, M, N de B, Δ, Z; entonces, si H excede a Λ, también Θ a M y K a N, y si es igual, igual, y si menor, menor. De modo que, si H excede a Λ, también H, Θ, K (exceden) a Λ, M, N, y si es igual, (son) iguales, y si menor, menores. Tanto H como H, Θ, K son equimúltiplos de A y de A, Γ, E, pues, en efecto, si hay un número cualquiera de magnitudes respectivamente equimúltiplos de cualesquiera otras magnitudes iguales en número, cuantas veces una de las magnitudes es múltiplo de otra, tantas veces lo serán también todas de todas [V, 1].

A ├─────────────┤   Γ ├──────────────┤   E ├──────┤

B ├──────┤   Δ ├──────┤   Z ├───┤

H ├────────────────┤   Λ ├──────────────────┤

Θ ├──────────────┤   M ├────────────────────────┤

K ├──────────────┤   N ├──────────────┤

Por la misma razón, tanto Λ como Λ, M, N son equimúltiplos de B y de B, Δ, Z; luego, como A es a B, así A, Γ, E a B, Δ, Z [V, Def. 5].

Por consiguiente, si un número cualquiera de magnitudes fueren proporcionales, como sea una de las antecedentes a una de las consecuentes, así serán todas las antecedentes a las consecuentes. Q. E. D.

PROPOSICIÓN 13

Si una primera (magnitud) guarda con una segunda la misma razón que una tercera con una cuarta, y la tercera

guarda con la cuarta una razón mayor que una quinta con
una sexta, la primera guardará también con la segunda una
razón mayor que la quinta con la sexta.

Guarde pues la primera, A, con la segunda, B, la misma
razón que la tercera, Γ, con la cuarta, Δ; y guarde la tercera, Γ, con la cuarta, Δ, una razón mayor que la quinta, E,
con la sexta, Z.

A ├───────┤   Γ├────────────┤   M ├──────┼─────┤   H ├──────────┼──────────────┤

B ├────┤   Δ├──────┤   N ├───┼────┼───┤   K ├──────────┼──────────┤

Digo que la primera, A, guardará también con la segunda, B, una razón mayor que la quinta, E, con la sexta, Z.

Pues como hay algunos equimúltiplos de Γ, E y otros
equimúltiplos, tomados al azar, de Δ, Z, tales que el múltiplo de Γ excede al múltiplo de Δ
pero el múltiplo de E no excede al
múltiplo de Z [V, Def. 7], tómense
y sean H, Θ equimúltiplos de Γ,
E; y K, Λ otros equimúltiplos al
azar de Δ, Z, de modo que H exceda a K pero Θ no exceda a Λ; y

E ├───────┤

Z ├─────┤

Θ ├─────────┼─────────┤

Λ ├───────────────┼───────────┤

cuantas veces H sea múltiplo de Γ, tantas veces lo sea también M de A, y cuantas veces sea múltiplo K de Δ, tantas
veces lo sea también N de B.

Y puesto que Γ es a Δ como A es a B, y se han tomado
los equimúltiplos M, H de A, Γ y otros equimúltiplos, tomados al azar, N, K de B, Δ, entonces, si M excede a N,
también H excede a K, y si es igual, es igual, y si menor,
menor [V, Def. 5]. Pero H excede a K; luego M también
excede a N. Ahora bien, Θ no excede a Λ; y M, Θ son
equimúltiplos de A, E, mientras que N, Λ (son) otros equi-

múltiplos, tomados al azar, de B, Z; luego A guarda con B una razón mayor que E con Z [V, Def. 7].

Por consiguiente, si una primera (magnitud) guarda con una segunda la misma razón que una tercera con una cuarta, y la tercera guarda con la cuarta una razón mayor que una quinta con una sexta, la primera guardará también con la segunda una razón mayor que la quinta con la sexta. Q. E. D.

PROPOSICIÓN 14

Si una primera (magnitud) guarda con una segunda la misma razón que una tercera con una cuarta y la primera es mayor que la tercera, la segunda será también mayor que la cuarta, y si es igual, será igual, y si menor, menor.

Guarde pues la primera, A, con la segunda, B, la misma razón que la tercera, Γ, con la cuarta, Δ, y sea A mayor que Γ.

Digo que también B es mayor que Δ.

Pues como A es mayor que Γ y B otra (magnitud), tomada al azar, entonces A guarda una mayor razón con B que Γ con B [V, 8]. Pero como A es a B, así Γ es a Δ; entonces Γ guarda también con Δ una razón mayor que Γ con B [V, 13]. Ahora bien, aquella con la que una misma magnitud guarda una razón mayor, es menor [V, 10]; así pues, Δ es menor que B; de modo que B es mayor que Δ.

De manera semejante demostraríamos que si A es igual a Γ, B también será igual a Δ y si A es menor que Γ, B será también menor que Δ.

Por consiguiente, si una primera magnitud guarda con

una segunda la misma razón que una tercera con una cuarta, y la primera es mayor que la tercera, la segunda será también mayor que la cuarta, y si es igual, igual, y si menor, menor. Q. E. D.[31].

PROPOSICIÓN 15

Las partes guardan la misma razón entre sí que sus mismos múltiplos[32], *tomados en el orden correspondiente.*

Sea pues AB el mismo múltiplo de Γ que ΔE de Z.
Digo que como Γ es a Z, así AB a ΔE.
Pues dado que AB es el mismo múltiplo de Γ que ΔE de Z, entonces, cuantas magnitudes iguales a Γ hay en AB, otras tantas (habrá) iguales a Z en ΔE. Divídase AB en las (magnitudes) AH, HΘ, ΘB iguales a Γ, y ΔE en las (magnitudes) ΔK, KΛ, ΛE iguales a Z; entonces el número de las (magnitudes) AH, HΘ, ΘB será igual al número de las (magnitudes) ΔK, KΛ, ΛE. Y puesto que AH, HΘ, ΘB son iguales entre sí y ΔK, KΛ, ΛE son también iguales entre sí, entonces, como AH es a ΔK, así HΘ a KΛ, y ΘB a ΛE [V, 7]. Por tanto, como una de las antecedentes es a una de las consecuentes, así todas las antecedentes serán también a todas las consecuentes [V, 12]; entonces, como AH es a ΔK, así AB a ΔE. Ahora bien, AH es igual a Γ, y ΔK a Z; luego, como Γ es a Z, así AB a ΔE.

---

[31] Simson añade la prueba específica del segundo y tercer caso de esta proposición, a saber: si A es igual o menor que Γ. Cf. SIMSON, ed. cit., pág. 131.

[32] En griego: *hosaútōs pollaplasíois*.

Por consiguiente, las partes guardan la misma razón entre sí que sus mismos múltiplos tomados en el orden correspondiente. Q. E. D.

Si cuatro magnitudes son proporcionales, también por alternancia serán proporcionales.

Sean A, B, Γ, Δ, cuatro magnitudes proporcionales, (a saber) como A es a B, así Γ a Δ.

Digo que lo serán también por alternancia, (a saber) como A es a Γ así B a Δ.

Tómense los equimúltiplos E, Z de A, B y otros equimúltiplos, tomados al azar, H, Θ de Γ, Δ. Y puesto que E es el mismo múltiplo de A que Z de B, las partes guardan la misma razón que sus mismos múltiplos [V, 15]; entonces, como A es a B así E a Z. Pero como A es a B, así Γ a Δ; luego, como Γ es a Δ, así también E a Z [V, 11]. A su vez, puesto que H, Θ son equimúltiplos de Γ, Δ, entonces, como Γ es a Δ, así H a Θ [V, 15]. Pero como Γ es a Δ así E a Z; luego como E es a Z, así también H a Θ [V, 11]. Ahora bien, si cuatro magnitudes son proporcionales, y la primera es mayor que la tercera, la segunda será también mayor que la cuarta, y si es igual, igual, y si es menor, menor [V, 14]. Por tanto, si E excede a H, también Z excede a Θ, y si es igual, es igual, y si menor, menor. Ahora

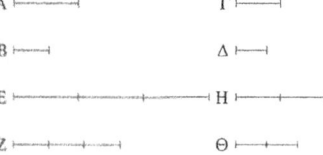

bien, E, Z son equimúltiplos de A, B, y H, Θ, otros (equimúltiplos), tomados al azar, de Γ, Δ; luego, como A es a Γ,
así B a Δ [V, Def. 5].

Por consiguiente, si cuatro magnitudes son proporcionales, también por alternancia serán proporcionales.
Q. E. D.

PROPOSICIÓN 17

Si unas magnitudes son proporcionales por composición, también por separación serán proporcionales[33].

Sean AB, BE, ΓΔ, ΔZ magnitudes proporcionales por
composición (de modo) que como AB es a BE, así ΓΔ es
a ΔZ.

Digo que también por separación serán proporcionales,
de modo que, como AE sea a EB, así ΓZ será a ΔZ.

Pues tómense los equimúltiplos HΘ, ΘK, ΛM, MN de
AE, EB, ΓZ, ZΔ y otros equimúltiplos, tomados al azar,
KΞ, NΠ de EB, ZΔ.

Y dado que HΘ es el mismo múltiplo de AE que ΘK
de EB, entonces HΘ es el mismo múltiplo de AE que HK de

---

[33] Expresión algebraica:

si $a : b :: c : d$, entonces $(a - b) : b :: (c - d) : d$

Euclides emplea aquí *synkeímenos lógos* «razón compuesta» en el
sentido de *sýnthesis lógou* «composición de una razón», lo que demuestra que ambos términos no están claramente definidos en los *Elementos*,
cf. nota 13.

AB [V, 1]. Pero HΘ es el mismo múltiplo de AE que ΛM de ΓZ; entonces HK es el mismo múltiplo de AB que ΛM de ΓZ. Como ΛM es a su vez el mismo múltiplo de ΓZ que MN de ZΔ, entonces ΛM es el mismo múltiplo de ΓZ que ΛN de ΓΔ [V, 1]. Pero ΛM era el mismo múltiplo de ΓZ que HK de AB; así pues HK es el mismo múltiplo de AB que ΛN de ΓΔ. Por tanto HK, ΛN son equimúltiplos de AB, ΓΔ. Como ΘK es a su vez el mismo múltiplo de EB que MN de ZΔ, y KΞ es también el mismo múltiplo de EB que NΠ de ZΔ, la suma ΘΞ es también el mismo múltiplo de EB que MΠ de ZΔ [V, 2]. Ahora bien, dado que, como AB es a BE, así ΓΔ es a ΔZ, y se han tomado los equimúltiplos HK, ΛN de AB, ΓΔ y los equimúltiplos ΘΞ, MΠ de EB, ZΔ, entonces, si HK excede a ΘΞ, ΛN excede también a MΠ, y si es igual, es igual, y si menor, menor. Exceda HK a ΘΞ; entonces, si se quita la (magnitud) común, ΘK, también HΘ excede a KΞ. Pero si HK excedía a ΘΞ, ΛN también excedía a MΠ; luego ΛN excede también a MΠ, y si se quita la (magnitud) común MN, ΛM también excede a NΠ; de modo que, si HΘ excede a KΞ, ΛM excede también a NΠ. De manera semejante demostraríamos que si HΘ es igual a KΞ, ΛM también será igual a NΠ, y si es menor, será menor. Ahora bien, HΘ, ΛM son equimúltiplos de AE, ΓZ, pero KΞ, NΠ son otros equimúltiplos tomados al azar de EB, ZΔ; por tanto, como AE es a EB, así ΓZ a ZΔ.

Por consiguiente, si unas magnitudes son proporcionales por composición, también por separación serán proporcionales. Q. E. D.

PROPOSICIÓN 18

Si unas magnitudes son proporcionales por separación, también por composición serán proporcionales.

Sean AE, EB, ΓZ, ZΔ magnitudes proporcionales por separación, (de modo que) como AE es a EB, así ΓZ es a ZΔ.

Digo que también por composición serán proporcionales, (de modo que) como AB (es) a BE, así ΓΔ (será) a ΔZ.

Porque si ΓΔ no es a ΔZ como AB a BE, entonces, como AB es a BE, así ΓΔ será a una (magnitud) menor que ΔZ o a una mayor.

Sea en primer lugar proporcional a la menor ΔH. Dado que como AB es a BE, así ΓΔ es a ΔH, son magnitudes proporcionales por composición; así pues también serán proporcionales por separación [V, 17]. Por tanto, como AE es a EB, así ΓH a HΔ. Pero también se ha supuesto que como AE es a EB, así ΓZ a ZΔ. Luego, como ΓH es a HΔ, así ΓZ a ZΔ [V, 11]. Pero la primera ΓH es mayor que la tercera ΓZ; entonces la segunda HΔ también es mayor que la cuarta ZΔ [V, 14]. Pero también menor; lo cual es imposible; por tanto no es el caso de que ΓΔ sea a una (magnitud) menor que ZΔ, como AB a BE. De manera semejante demostraríamos que tampoco es proporcional a una mayor; así pues será proporcional a la propia (ZΔ).

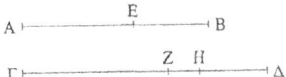

Por consiguiente, si unas magnitudes son proporcionales por separación, también por composición serán proporcionales. Q. E. D.[34]

----

[34] La demostración supone la existencia de un cuarto término pro-

PROPOSICIÓN 19

Si como un todo es a otro todo, así es una (parte) qui-
tada (de uno) a una (parte) quitada (de otro), la (parte)
restante será también a la (parte) restante como el todo
esal todo.

Pues como el todo AB es al todo ΓΔ, así sea la (parte)
quitada AE a la (parte) quitada ΓZ.

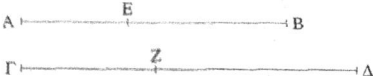

Digo que la (parte) restante EB será también a la (parte) restante ZΔ como el todo AB es al todo ΓΔ.

Pues, dado que como AB es a ΓΔ, así AE es a ΓZ, también, por alternancia, como BA es a AE, así ΔΓ a ΓZ [V,
16]. Y puesto que son magnitudes proporcionales por
composición, también por separación serán proporcionales [V, 17] (es decir) como BE es a EA, así ΔZ a ΓZ; y, por
alternancia, como BE es a ΔZ, así EA a ZΓ [V, 16]. Pero,
como AE es a ΓZ, así se ha supuesto que el todo AB es al
todo ΓΔ. Luego la (parte) restante EB será a la (parte)
restante ZΔ como el todo AB es al todo ΓΔ [V, 11].

---

porcional. Diversos editores y comentadores de los *Elementos*, al menos
desde Clavio (1574, 2.ª ed. 1589), han optado por la declaración expresa
de esa suposición a título de axioma. Otros han preferido la opción de
una prueba independiente de dicho supuesto o la opción de demostrar
previamente la suposición misma (HEATH, ed. cit., II, págs. 170-174,
ofrece diversas muestras). El propio Euclides demostrará más adelante,
en la prop. VI 12, un caso particular en el que los términos proporcionales son líneas rectas. Por lo demás, una vez asumida la existencia de una
«cuarta proporcional», se podría derivar ulteriormente su unicidad a través de las proposiciones V 11 y V 9.

Por consiguiente, si como un todo es a otro todo, así es una (parte) quitada (de uno) a una (parte) quitada (del otro), la (parte) restante será también a la (parte) restante como el todo es al todo. Q. E. D.

[Y puesto que se ha demostrado que como AB es a ΓΔ, así EB a ZΔ, también por alternancia, como AB es a BE, así ΓΔ a ZΔ, luego son magnitudes proporcionales por composición; pero se ha demostrado que como BA es a AE, así ΔΓ es a ΓZ; y esto es por conversión][35].

Porisma:

A partir de esto queda claro que si unas magnitudes son proporcionales por composición, también por conversión serán proporcionales. Q. E. D.

PROPOSICIÓN 20

Si hay tres magnitudes y otras iguales a ellas en número que, tomadas de dos en dos, guardan la misma razón, y si, por igualdad, la primera es mayor que la tercera, también la cuarta será mayor que la sexta; y si es igual, igual, y si es menor, menor.

Sean A, B, Γ tres magnitudes y Δ, E, Z otras iguales a ellas en número que, tomadas de dos en dos, guarden la misma razón, (es decir que) como A es a B, así Δ es a E y como B es a Γ, así E a Z, y, por igualdad, sea mayor A que Γ.

Digo que Δ será también mayor que Z, y si es igual, igual, y si es menor, menor.

---

[35] Heiberg atetiza las líneas que se encuentran entre la conclusión y el porisma porque Euclides no acostumbra a explicar un porisma, ya que, por su propia naturaleza, un porisma no precisa explicación sino que es algo que se presenta, según Proclo, *apragmateútōs*, es decir, «sin esfuerzo».

Pues dado que A es mayor que Γ y B es otra (magnitud) cualquiera, la mayor guarda con una misma (magnitud) una razón mayor que la menor [V, 8], entonces A guarda con B una razón mayor que Γ con B. Pero como A es a B, así Δ es a E, y por inversión, como Γ es a B, así Z es a E; luego Δ también guarda con E una razón mayor que Z con E [V, 13]. Ahora bien, de las magnitudes que guardan razón con una misma (magnitud), la que guarda una razón mayor es mayor [V, 10]. Así pues Δ es mayor que Z. De manera semejante demostraríamos que, si A es igual a Γ, también Δ será igual a Z, y si es menor, menor.

Por consiguiente, si hay tres magnitudes y otras iguales a ellas en número que, tomadas de dos en dos, guardan la misma razón, y si, por igualdad, la primera es mayor que la tercera, también la cuarta será mayor que la sexta; y si es igual, igual, y si es menor, menor. Q. E. D.

PROPOSICIÓN 21

Si hay tres magnitudes y otras iguales a ellas en número que, tomadas de dos en dos, guardan la misma razón y su proporción es perturbada, y si, por igualdad, la primera es mayor que la tercera, también la cuarta será mayor que la sexta; y si es igual, igual; y si es menor, menor.

Sean A, B, Γ tres magnitudes y Δ, Z, E otras iguales a ellas en número que, tomadas de dos en dos, guarden la misma razón, y sea su proporción perturbada (es decir que)

como A es a B, así E a Z, y como B es a Γ, así Δ a E, y, por
igualdad, sea A mayor que Γ.

Digo que Δ también será ma-
yor que Z, y si es igual, igual, y si
es menor, menor.

Pues como A es mayor que Γ, y
B otra magnitud, entonces A guarda una razón mayor con B
que Γ con B [V, 8]. Pero como A es a B, así E a Z, y por
inversión, como Γ es a B, así E es a Δ. Por tanto E guarda
una razón mayor con Z que E con Δ [V, 13]. Pero aquello
con lo que una misma (magnitud) guarda una razón mayor
es menor [V, 10], luego Z es menor que Δ, por tanto Δ es
mayor que Z. De manera semejante demostraríamos que
si A es igual a Γ, Δ será también igual a Z, y si menor,
menor.

Por consiguiente, si hay tres magnitudes y otras iguales
a ellas en número, que, tomadas de dos en dos, guardan la
misma razón, y su proporción es perturbada; y si, por
igualdad la primera es mayor que la tercera, la cuarta será
también mayor que la sexta; y si es igual, igual; y si es
menor, menor. Q. E. D.

PROPOSICIÓN 22

Si hay un número cualquiera de magnitudes y otras
iguales a ellas en número que, tomadas de dos en dos,
guardan la misma razón, por igualdad guardarán tam-
bién la misma razón.

Sean A, B, Γ un número cualquiera de magnitudes y Δ,
E, Z otras iguales a ellas en número que, tomadas de dos
en dos, guarden la misma razón (es decir que) como A es
a B, así Δ es a E, y como B es a Γ, así E es a Z.

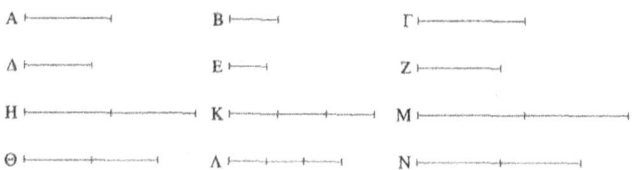

Digo que por igualdad guardarán también la misma razón (*i. e.* que como A es a Γ, así Δ es a Z).

Pues tómense los equimúltiplos H, Θ de A, Δ y otros equimúltiplos tomados al azar K, Λ de B, E, y además otros equimúltiplos al azar M, N de Γ, Z.

Y dado que como A es a B, así Δ es a E, y se han tomado los equimúltiplos H, Θ de A, Δ y otros equimúltiplos tomados al azar K, Λ de B, E, entonces como H es a K así Θ a Λ [V, 4]. Por lo mismo, como K es a M, así Λ es a N. Así pues, dado que H, K, M son tres magnitudes y Θ, Λ, N otras magnitudes iguales a ellas en número que, tomadas de dos en dos, guardan la misma razón, entonces, por igualdad, si H excede a M, Θ también excede a N; y si es igual, es igual; y si es menor, menor [V, 20]. Ahora bien, H, Θ son equimúltiplos de A, Δ, y M, N otros equimúltiplos tomados al azar de Γ, Z. Entonces como A es a Γ, así Δ es a Z [V, Def. 5].

Por consiguiente, si hay un número cualquiera de magnitudes y otras iguales a ellas en número que, tomadas de dos en dos, guardan la misma razón, por igualdad guardarán también la misma razón. Q. E. D.

PROPOSICIÓN 23

Si hay tres magnitudes y otras iguales a ellas en número que, tomadas de dos en dos, guardan la misma razón, y

su proporción es perturbada, por igualdad guardarán
también la misma razón.

Pues sean A, B, Γ tres magnitudes y Δ, E, Z otras iguales a ellas en número que, tomadas de dos en dos, guarden
la misma razón y sea su proporción perturbada, (es decir
que) como A es a B, así E a Z y como B es a Γ, así Δ a E.

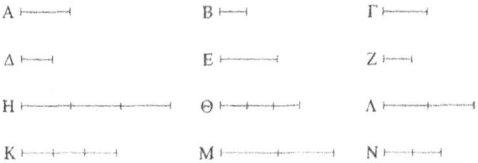

Digo que como A es a Γ, así Δ es a Z.

Pues tómense los equimúltiplos H, Θ, K de A, B, Δ y
otros equimúltiplos tomados al azar Λ, M, N de Γ, E, Z.

Y dado que H, Θ son equimúltiplos de A, B y las partes
guardan la misma razón que sus mismos múltiplos [V,
15][36], entonces como A es a B, así H es a Θ. Por lo mismo,
como E es a Z, así también M a N; ahora bien, como A es
a B, así E a Z; entonces como H es a Θ, así M a N [V, 11].
Y dado que, como B es a Γ, así Δ a E, también, por alternancia, como B es a Δ, así Γ a E [V, 16]. Y puesto que Θ,
K son equimúltiplos de B, Δ, y las partes guardan la misma razón que sus equimúltiplos, entonces como B es a Δ,
así Θ a K [V, 15]. Ahora bien, como B es a Δ, así Γ a E;
luego también como Θ es a K, así Γ a E [V, 11]. A su vez,
dado que Λ, M son equimúltiplos de Γ, E, entonces, como
Γ es a E, así Λ a M [V, 15]. Ahora bien, como Γ es a E, así
Θ a K; luego también como Θ es a K, así Λ a M [V, 11]; y,

---

[36] *Hosaútōs.*

por alternancia, como Θ es a Λ, así K es a M [V, 16]. Pero se ha demostrado también que como H es a Θ, así M a N.

Así pues, dado que H, Θ, Λ son tres magnitudes y K, M, N otras iguales a ellas en número que, tomadas de dos en dos, guardan la misma razón, y su proporción es perturbada, entonces, por igualdad, si H excede a Λ, K también excede a N; y si es igual, es igual; y si menor, menor [V, 21]. Pero H, K son equimúltiplos de A, Δ, y Λ, N de Γ, Z. Por tanto, como A es a Γ, así Δ es a Z.

Por consiguiente, si hay tres magnitudes y otras iguales a ellas en número que, tomadas de dos en dos, guardan la misma razón, y su proporción es perturbada, por igualdad guardarán también la misma razón. Q. E. D.[37].

PROPOSICIÓN 24

Si una primera (magnitud) guarda con una segunda la misma razón que una tercera con una cuarta, y una quinta guarda con la segunda la misma razón que la sexta con la cuarta, la primera y la quinta, tomadas juntas, guardarán también la misma razón con la segunda que la tercera y la sexta con la cuarta.

---

[37] Simson (1756), ed. cit., pág. 141, presenta una prueba más sencilla que evita la reiterada mediación de las proposiciones V 11, 15, 16, y se sirve de una aplicación directa de la prop. V 4. Esta versión cuenta con el apoyo de algunos mss., aunque no con la autoridad de una fuente textual como el ms. P. En todo caso, es justa su observación de que el último paso de la prueba debe referirse a los equimúltiplos H, K —de A, Δ — y Λ, N —de Γ, Z —, como a equimúltiplos cualesquiera. El propio Simson generalizará el alcance de esta proposición a un número cualquiera de magnitudes (1. c., págs. 141-142).

Pues guarde una primera (magnitud) AB con una segunda Γ la misma razón que una tercera ΔE con una cuarta Z; y guarde una quinta BH con la segunda, Γ, la misma
razón que la sexta, EΘ, con la cuarta Z.

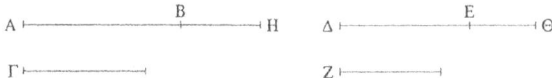

Digo que, tomadas juntas, la primera y la quinta, AH,
guardarán la misma razón con la segunda, Γ, que la tercera
y la sexta, ΔΘ, con la cuarta Z.

Dado que BH es a Γ como EΘ a Z, entonces, por inversión, como Γ es a BH, así Z a EΘ. Puesto que AB es a Γ
como ΔE a Z, y, como Γ es a BH, así Z a EΘ, entonces,
por igualdad, como AB es a BH, así ΔE a EΘ [V, 22].
Ahora bien, puesto que las magnitudes son proporcionales
por separación, también serán proporcionales por composición [V, 18]; luego, como AH es a HB, así ΔΘ es a ΘE.
Pero, como BH es a Γ, así EΘ a Z; luego, por igualdad,
como AH es a Γ, así ΔΘ es a Z [V, 22].

Por consiguiente, si una primera magnitud guarda con
una segunda la misma razón que una tercera con una cuarta, y una quinta guarda con la segunda la misma razón que
una sexta con la cuarta, la primera y la quinta, tomadas
juntas, guardarán también la misma razón con la segunda
que la tercera y la sexta con la cuarta. Q. E. D.

PROPOSICIÓN 25

*Si cuatro magnitudes son proporcionales, la mayor y la
menor (juntas) son mayores que las dos restantes.*

Sean AB, ΓΔ, E, Z cuatro magnitudes proporcionales, (es decir que) como AB es a ΓΔ, así E a Z; y sea la mayor de ellas AB y la menor Z.

Digo que AB, Z son mayores que ΓΔ, E.

Pues hágase AH igual a E y ΓΘ igual a Z.

Dado que, como AB es a ΓΔ, así E es a Z, y E es igual a AH, mientras que Z (es igual) a ΓΘ, entonces como AB

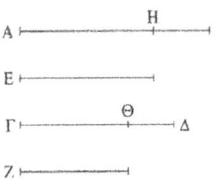

es a ΓΔ, así AH es a ΓΘ. Ahora bien, ya que el todo AB es al todo ΓΔ como la (parte) quitada AH es a la (parte) quitada ΓΘ, entonces la (parte) restante HB será a la (parte) restante ΘΔ como el todo AB es al todo ΓΔ [V, 19]. Pero AB es mayor que ΓΔ; luego HB también (será) mayor que ΘΔ. Y dado que AH es igual a E y ΓΘ a Z, entonces AH, Z son iguales a ΓΘ, E. Y si, no siendo iguales HB, ΘΔ, y siendo mayor HB, se añaden AH, Z a HB y se añaden ΓΘ, E a ΘΔ, se sigue que AB, Z son mayores que ΓΔ, E.

Por consiguiente, si cuatro magnitudes son proporcionales, la mayor de ellas y la menor (juntas) son mayores que las dos restantes. Q. E. D.

LIBRO VI

1. Figuras rectilíneas semejantes son las que tienen los ángulos iguales uno a uno y proporcionales los lados que comprenden los ángulos iguales[1].

[2. (Dos) figuras están inversamente relacionadas cuando en cada una de las figuras hay razones antecedentes y consecuentes][2].

---

[1] ARISTÓTELES, *Analíticos Segundos* II 17, 99a13, dice que la semejanza (*tò hómoion*) de las figuras consiste quizá (*ísōs*) en que tengan sus lados proporcionales y sus ángulos iguales. El uso de *ísōs* sugiere que en época de Aristóteles esta definición no estaba todavía establecida.

[2] *Hēgoúmenoí te kaì hēpómenoi lógoi* «razones antecedentes y consecuentes» resulta oscuro; por ello, Candalla y Peyrard leen *lógon hóroi* o simplemente *lógon*. Además, la definición no se utiliza nunca en los *Elementos*, pues no se alude a los paralelogramos que cumplen estas propiedades (VI 14-15, XI 34, etc.) como «inversamente relacionados» sino «que tienen sus lados inversamente relacionados». Probablemente se trata de una interpolación que ya aparece en Herón. Simson propone sustituir esta definición por la siguiente: «Dos cantidades [magnitudes] proporcionales se dicen recíprocamente proporcionales á otras dos, quando una de las primeras es á una de las segundas, como la restante de las segundas á la restante de las primeras» (ed. cit., pág. 322).

Por otra parte, la traducción «inversamente relacionados» (recíprocamente proporcionales en la versión española de la edición de Simson) tanto en esta definición como en las proposiciones VI 14-15, corres-

3. Se dice que una recta ha sido cortada en extrema y media razón cuando la recta entera es al segmento mayor como el (segmento) mayor es al menor.

4. En toda figura, la altura es la perpendicular trazada desde el vértice hasta la base.

[5. Se dice que una razón está compuesta de razones cuando los tamaños de las razones multiplicadas por sí mismas producen alguna razón][3].

PROPOSICIÓN I

Los triángulos y los paralelogramos que tienen la misma altura son entre sí como sus bases[4].

_____

ponde al verbo griego *antipáschō*. Prefiero esta versión a la de «inversamente proporcionales» que proponen MÜGLER: «être inversement proportionnel» (*Dictionnaire historique de la terminologie géométrique des grecs*, pág. 66), F. VERA (*Científicos griegos* I, pág. 805) y el *Diccionario Griego-Español II* (Madrid, C.S.I.C., 1986), pág. 346, porque Euclides no utiliza ni en esta definición ni en las proposiciones VI 14-15, el término habitual para la proporción por inversión: *anápalin*.

[3] No cabe duda de que la presente definición ha sido interpolada por Teón. El ms. P la tiene en el margen, se omite en la traducción del árabe de Campano y los mss. que la tienen la presentan en diferentes lugares. Simson la tacha de inútil, absurda y nada geométrica, pues solo los números pueden multiplicarse y hay razones de las que no puede resultar número alguno, por ej. la de la diagonal del cuadrado a su lado, o la de la circunferencia del círculo a su diámetro, y otras semejantes. Aduce, por otra parte, que no se hallan vestigios de la definición ni en Euclides, ni en Arquímedes, ni en ningún otro geómetra de los antiguos que usan con frecuencia la razón compuesta. Concluye que la definición presente se debe a Teón, pues aparece en sus comentarios sobre la *Descripción Magna* de Tolemeo (cf. SIMSON, ed. cit., págs. 324-329).

[4] Más literalmente: «que están bajo la misma altura» *tà hypò tò autò hýpsos ónta*.

Sean ΑΒΓ, ΑΓΔ triángulos y ΕΓ, ΓΖ paalelogramos que tienen la misma altura.

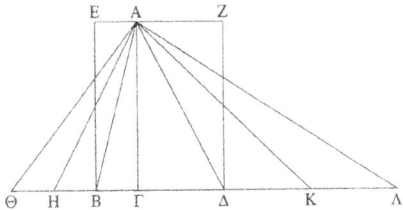

Digo que como la base ΒΓ es a la base ΓΔ, así el triángulo ΑΒΓ es al triángulo ΑΓΔ y el paralelogramo ΕΓ al paralelogramo ΓΖ.

Pues prolongúese ΒΔ por cada lado hasta los puntos Θ, Λ, y háganse tantas rectas como se quiera ΒΗ, ΗΘ iguales a la base ΒΓ, y tantas rectas como se quiera ΔΚ, ΚΛ iguales a la base ΓΔ. Y trácense ΑΗ, ΑΘ, ΑΚ, ΑΛ Ahora bien, puesto que ΓΒ, ΒΗ, ΗΘ son iguales entre sí, los triángulos ΑΘΗ, ΑΗΒ, ΑΒΓ son también iguales entre sí [I, 38]. Por tanto, cuantas veces la base ΘΓ es múltiplo de la base ΒΓ, tantas veces el triángulo ΑΘΓ es múltiplo del triángulo ΑΒΓ. Por lo mismo cuantas veces la base ΛΓ es múltiplo de la base ΓΔ, tantas veces el triángulo ΑΛΓ es también múltiplo del triángulo ΑΓΔ; y si la base ΘΓ es igual a la base ΓΛ, el triángulo ΑΘΓ es también igual al triángulo ΑΓΛ [I, 38], y si la base ΘΓ excede a la base ΓΛ, el triángulo ΑΘΓ excede también al triángulo ΑΓΛ, y si es menor, es menor.

Habiendo, pues, cuatro magnitudes: dos bases ΒΓ, ΓΔ y dos triángulos ΑΒΓ, ΑΓΔ, se han tomado unos equimúltiplos de la base ΒΓ y del triángulo ΑΒΓ, a saber: la base ΘΓ y el triángulo ΑΘΓ, y, de la base ΓΔ y del triángulo ΑΔΓ, otros equimúltiplos al azar, a saber: la base ΛΓ y el triángulo AΛΓ; ahora bien, se ha demostrado que, si la base ΘΓ excede a la base ΓΛ, el triángulo AΘΓ excede también al triángulo AΛΓ, y si es igual, es igual, y si menor, menor. Por tanto, como la base BΓ es a la base ΓΔ, así el triángulo ABΓ es al triángulo AΓA [V, Def. 5].

Y puesto que el paralelogramo EΓ es el doble del triángulo ABΓ [I, 41] y el paralelogramo ZΓ es el doble del triángulo AΓΔ, mientras que las partes guardan la misma razón que sus mismos múltiplos [V, 15], entonces, como el triángulo ABΓ es al triángulo AΓΔ, así el paralelogramo EΓ al paralelogramo ZΓ. Así pues, ya que se ha demostrado que, como la base BΓ es a la base ΓΔ, así el triángulo ABΓ es al triángulo AΓΔ, y, como el triángulo ABΓ es al triángulo AΓΔ así el paralelogramo EΓ es al paralelogramo ΓZ, entonces, como la base BΓ es a la base ΓΔ, así el paralelogramo EΓ es al paralelogramo ZΓ [V, 11].

Por consiguiente los triángulos y los paralelogramos que tienen la misma altura son entre sí como sus bases. Q. E. D.

PROPOSICIÓN 2

Si se traza una recta paralela a uno de los lados de un triángulo, cortará proporcionalmente los lados del triángulo. Y si se cortan proporcionalmente los lados de un triángulo, la recta que une los puntos de sección será paralela al lado restante del triángulo.

Trácese, pues, ΔE paralela a uno de los lados, BΓ, del triángulo ABΓ.

Digo que como BΔ es a ΔA, así ΓE a EA.

Pues trácense BE, ΓΔ.

Entonces el triángulo BΔE es igual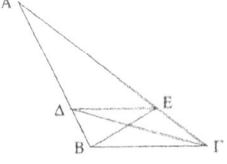
al triángulo ΓΔE: porque están so-
bre la misma base, ΔE, y entre las
mismas paralelas, ΔE, BΓ [I, 38]; y
el triángulo AΔE es algún otro (triángulo). Pero las (magnitudes) iguales
guardan la misma razón con una misma (magnitud) [V, 7];
entonces, como el triángulo BΔE es al (triángulo) AΔE, así
el triángulo ΓΔE es al triángulo AΔE. Ahora bien, como el
triángulo BΔE es al triángulo AΔE, así BΔ es a ΔA: porque teniendo la misma altura, a saber: la perpendicular
trazada desde E hasta AB, son uno a otro como sus bases
[VI, 1]. Por la misma razón, como el triángulo ΓΔE es al
triángulo AΔE, así ΓE a EA; por tanto, como BΔ es a ΔA,
así también ΓE a EA [V, 11].

Por otra parte córtense proporcionalmente los lados
AB, AΓ del triángulo ABΓ, de modo que, como BΔ es a
ΔA, así ΓE a EA, Y trácese ΔE.

Digo que ΔE es paralela a BΓ.

Pues, siguiendo la misma construcción, dado que,
como BΔ es a ΔA, así ΓE a EA, mientras que, como BΔ
es a ΛA, así el triángulo BΔE es al triángulo AΔE, y,
como ΓE es a EA, así el triángulo ΓΔE es al triángulo
AΔE [VI, 1], entonces, como el triángulo BΔE es al triángulo AΔE, así el triángulo ΓΔE es al triángulo AΔE [V,
11]. Por tanto cada uno de los triángulos, BΔE, ΓΔE,
guarda la misma razón con el (triángulo) AΔE. Así pues el
triángulo BΔE es igual al triángulo ΓΔE [V, 9]; y están
sobre la misma base, ΔE. Pero los triángulos que están sobre la misma base, están también entre las mismas paralelas [I, 39], por tanto ΔE es paralela a BΓ.

Por consiguiente, si se traza una recta paralela a uno de
los lados de un triángulo, cortará proporcionalmente los

lados del triángulo. Y si se cortan proporcionalmente los lados de un triángulo, la recta que une los puntos de sección
será paralela al lado restante del triángulo. Q. E. D.

PROPOSICIÓN 3

*Si se divide en dos partes iguales un ángulo de un trián-
gulo, y la recta que corta el ángulo corta también la base,
los segmentos de la base guardarán la misma razón que los
restantes lados del triángulo; y, si los segmentos de la base
guardan la misma razón que los lados restantes del triángulo, la recta trazada desde el vértice hasta la sección dividirá en dos partes iguales el ángulo del triángulo.*

Sea ΑΒΓ el triángulo, y divídase el ángulo ΒΑΓ en dos
partes iguales por la recta ΑΔ.

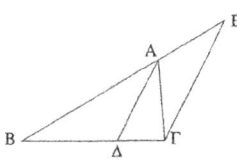

Digo que, como ΒΔ es a ΓΔ,
así ΒΑ a ΑΓ.

Pues trácese por el (punto) Γ, ΓΕ
paralela a ΔΑ y, prolongada ΒΑ,
coincida con ella en Ε.

Ahora bien, dado que la recta
ΑΓ ha incidido sobre las paralelas ΑΔ, ΕΓ, entonces el
ángulo ΑΓΕ es igual al (ángulo) ΓΑΔ [I, 29]. Pero se ha
supuesto que el (ángulo) ΓΑΔ es igual al (ángulo) ΒΑΔ;
así pues el (ángulo) ΒΑΔ es también igual al ángulo ΑΓΕ.
Asimismo, dado que la (recta) ΒΑΕ ha incidido sobre las
paralelas ΑΔ, ΕΓ, el ángulo externo ΒΑΔ es igual al inter-
no ΑΕΓ [I, 29]. Pero se ha demostrado que el (ángulo)
ΑΕΓ es también igual al (ángulo) ΒΑΔ, por tanto el ángulo ΑΓΕ es también igual al (ángulo) ΑΕΓ; de manera que
el lado ΑΕ es también igual al lado ΑΓ [I, 6].

Y puesto que se ha trazado la (recta) AΔ paralela a uno de los lados, EΓ, del triángulo BΓE, entonces, proporcionalmente, como BΔ es a ΔΓ, así BΔ a AE [VI, 2].

Pero AE es igual a AΓ. Por tanto, como BΔ es a ΔΓ, así BA a AΓ.

Ahora bien, sea BA a AΓ como BΔ a ΔΓ y trácese AΔ.

Digo que el ángulo BAΓ ha sido dividido en dos partes iguales por la recta AΔ.

Pues, siguiendo la misma construcción, dado que, como BΔ es a ΔΓ así BA a AΓ, pero también como BA es a ΔΓ, así BA a AE —porque se ha trazado AΔ paralela a uno de los lados EΓ del triángulo BΓE [VI, 2]—, entonces, como BΔ es a AΓ, así también BA a AE [V, 11]. Por tanto AΓ es igual a AE [V, 9]; de manera que el ángulo AEΓ es también igual al (ángulo) AEΓ [I, 5]. Pero el (ángulo) AEΓ es igual al (ángulo) externo BAΔ [I, 29], y el (ángulo) AΓE es igual al (ángulo) alterno BAΔ [I, 29]; así pues el (ángulo) BAΔ es también igual al (ángulo) ΓAΔ. Por tanto el ángulo BAΓ ha sido dividido en dos partes iguales por la recta AΔ.

Por consiguiente, si se divide en dos partes iguales un ángulo de un triángulo, y la recta que corta el ángulo corta también la base, los segmentos de la base guardan la misma razón que los restantes lados del triángulo. Y si los segmentos de la base guardan la misma razón que los lados restantes del triángulo, la recta trazada desde el vértice hasta la sección dividirá en dos partes iguales el ángulo del triángulo.

PROPOSICIÓN 4

En los triángulos equiángulos, los lados que compren-
den los ángulos iguales son proporcionales y los lados
que subtienden los ángulos iguales son correspondientes.

Sean AΒΓ, ΔΓΕ triángulos equiángulos con el ángulo
AΒΓ igual al ángulo ΔΓΕ, y el ángulo BAΓ igual al ΓΔΕ
y además el (ángulo) AΓB igual al (ángulo) ΓΕΔ.

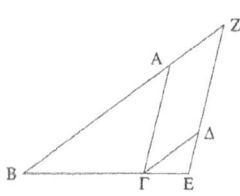

Digo que en los triángulos AΒΓ,
ΔΓΕ, los lados que comprenden
los ángulos iguales son proporcionales y los (lados) que subtienden
los ángulos iguales son correspondientes.

Pónganse, pues, en línea recta
BΓ, ΓΕ. Y dado que los ángulos AΒΓ, AΓB son menores
que dos rectos [I, 17], y el (ángulo) AΓB es igual al (ángulo) ΔΕΓ, entonces los (ángulos) AΒΓ, AΕΓ son menores
que dos rectos; por tanto BA, ΕΔ, prolongadas, se encon-
trarán [I, Post. 5]. Prolónguense y encuéntrense en z.

Y puesto que el ángulo ΔΓΕ es igual al (ángulo) AΒΓ,
BZ es paralela a ΓΔ [I, 28]. Puesto que, a su vez, el (ángulo) AΓB es igual al (ángulo) ΔΕΓ, AΓ es paralela a ZΕ [I,
28]. Por tanto ZAΓΔ es un paralelogramo; luego ZA es
igual a ΔΓ y AΓ a ZΔ [I, 34]. Ahora bien, dado que AΓ ha
sido trazada paralela a uno (de los lados), ZΕ, del triángulo ZBΕ, entonces, como BA es a AZ, así BΓ a ΓΕ [VI, 2].
Pero AZ es igual a ΓΔ; por tanto, como BA es a ΓΔ, así
BΓ a ΓΕ, y, por alternancia, como AB es a BΓ, así ΔΓ a
ΓΕ [V, 16]. Asimismo, puesto que ΓΔ es paralela a BZ,
entonces, como BΓ es a ΓΕ, así ZΔ a ΔΕ [VI, 2], Pero ZΔ
es igual a AΓ; por tanto, como BΓ es a ΓΕ, así AΓ a ΔΕ, y,

por alternancia, como BΓ es a ΓA, así ΓE a EΔ [V, 16].
Así pues, ya que se ha demostrado que, como AB es a BΓ,
así ΔΓ a ΓE, y como BΓ es a ΓA, así ΓE a EΔ, entonces,
por igualdad, como BA es a AΓ, así ΓΔ es a ΔE [V, 22].

Por consiguiente, en los triángulos equiángulos los lados que comprenden los ángulos iguales son proporcionales y los lados que subtienden los ángulos iguales son
correspondientes. Q. E. D.

PROPOSICIÓN 5

Si dos triángulos tienen los lados proporcionales, los
triángulos serán equiángulos y tendrán iguales los ángu-
los a los que subtienden los lados correspondientes.

Sean ABΓ, ΔEZ dos triángulos que tienen los lados
proporcionales, es decir, que como AB es a BΓ, así ΔE a
EZ, y como BΓ es a ΓA, así EZ a ZΔ, y, además, como BA
es a AΓ, así EΔ a ΔZ.

Digo que el triángulo ABΓ y el
triángulo ΔEZ son equiángulos y
tendrán iguales los ángulos a los que
subtienden los lados correspondientes, a saber: el (ángulo) ΔBΓ al (ángulo) ΔEZ, el (ángulo) BΓA al (ángulo) EZΔ y además el (ángulo) BAΓ
al (ángulo) EΔZ.

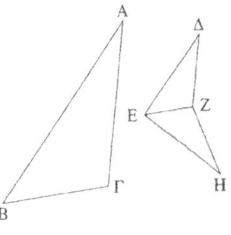

Pues constrúyase en la recta EZ y en sus puntos E, Z,
el ángulo ZEH igual al ángulo ABΓ [I, 23]; entonces el
(ángulo) restante correspondiente a A es igual al (ángulo)
restante correspondiente a H [I, 32].

Por tanto el triángulo ABΓ y el triángulo EHZ son
equiángulos. Luego en los triángulos ABΓ, EHZ los lados

que comprenden los ángulos iguales son proporcionales, y
los (lados) que subtienden los ángulos iguales son correspondientes [VI, 4]; entonces como AB es a BΓ, HE es a
EZ. Ahora bien, se ha supuesto que como AB es a BΓ, así
ΔE es a EZ; por tanto, como ΔE es a EZ, así HZ a EZ [V,
11]. Así pues, cada una de las (rectas) ΔE, HE guarda la
misma razón con EZ; por tanto ΔE es igual a HE [V, 9].
Por la misma razón, ΔZ es también igual a HZ. Así pues,
dado que ΔE es igual a EH y EZ es común, los dos (lados)
ΔE, EZ son iguales a los dos (lados) HE, EZ; y la base ΔZ
es igual a la base ZH; entonces el ángulo ΔEZ es igual al
ángulo HEZ [I, 8], y el triángulo ΔEZ igual al triángulo
HEZ, y los ángulos restantes iguales a los ángulos restantes, aquellos a los que subtienden los lados iguales [I, 4].
Por tanto el ángulo ΔZE es también igual al (ángulo) HZE,
y el (ángulo) EΔZ al (ángulo) EHZ. Y, dado que el (ángulo) ZEΔ es igual al (ángulo) HEZ, y el (ángulo) HEZ es
igual al (ángulo) ABΓ, entonces el ángulo ABΓ es también igual al (ángulo) ΔEZ. Por la misma razón el (ángulo) AΓB es también igual al (ángulo) ΔZE, y además el
(ángulo) correspondiente a A es igual al (ángulo) correspondiente a Δ; por tanto el triángulo ABΓ y el triángulo
ΔEZ son equiángulos.

Por consiguiente, si dos triángulos tienen los lados proporcionales, los triángulos serán equiángulos y tendrán
iguales los ángulos a los que subtienden los lados correspondientes. Q. E. D.

PROPOSICIÓN 6

*Si dos triángulos tienen un ángulo (del uno) igual a un
ángulo (del otro) y tienen proporcionales los lados que*

*comprenden los ángulos iguales, los triángulos serán
equiángulos y tendrán iguales los ángulos a los que subtienden los lados correspondientes.*

Sean ABΓ, ΔEZ dos triángulos que tienen un ángulo,
BAΓ, igual a un ángulo, EΔZ, y tienen proporcionales los
lados que comprenden los ángulos iguales, esto es: como
BA es a AΓ, así EΔ a ΔZ.

Digo que el triángulo ABΓ y el
triángulo ΔEZ son equiángulos y
tendrán el ángulo ABΓ igual al ángulo ΔEZ y el (ángulo) AΓB al
(ángulo) ΔZE.

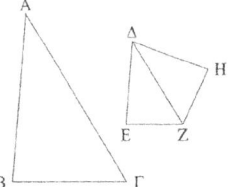

Constrúyase, pues, en la recta
ΔZ y en sus puntos Δ, Z, el (ángu-
lo) ZΔH igual a uno de los (ángulos) BAΓ, EΔZ, y el (ángulo) ΔZH igual al (ángulo) AΓB [I, 23]; entonces el ángulo restante correspondiente a B es igual al ángulo restante
correspondiente a H [I, 32].

Por tanto, el triángulo ABΓ y el triángulo ΔHZ son
equiángulos. Luego, proporcionalmente, como BΔ es a
AΓ, así HΔ a ΔZ [VI, 4]. Pero se ha supuesto también que
como BΔ es a AΓ, así EΔ a ΔZ; luego también como EΔ
es a ΔZ, así HΔ a ΔZ [V, 11]. Por tanto EΔ es igual a ΔH
[V, 9] y ΔZ es común; entonces los dos (lados) EΔ, ΔZ,
son iguales a los dos (lados) HΔ, ΔZ; y el ángulo EΔZ es
igual al ángulo HΔZ; luego la base EZ es igual a la base
HZ, y el triángulo ΔEZ es igual al triángulo HΔZ, y los
ángulos restantes serán iguales a los ángulos restantes,
aquellos a los que subtienden los lados iguales [I, 4]. Por
tanto el (ángulo) ΔZH es igual al (ángulo) ΔZE, y el (ángulo) ΔHZ al (ángulo) ΔEZ. Pero el (ángulo) ΔZH es
igual al (ángulo) AΓB; luego el (ángulo) AΓB es igual

al (ángulo) ΔZE. Ahora bien, se ha supuesto que también el
(ángulo) BAΓ es igual al (ángulo) EΔZ; por tanto, el (ángulo) restante correspondiente a B es igual al (ángulo) restante correspondiente a E [I, 32]; luego el triángulo ABΓ y
el triángulo ΔEZ son equiángulos.

Por consiguiente, si dos triángulos tienen un ángulo (de
uno) igual a un ángulo (del otro) y tienen proporcionales
los lados que comprenden los ángulos iguales, los triángulos serán equiángulos y tendrán iguales los ángulos a los
que subtienden los lados correspondientes. Q. E. D.

PROPOSICIÓN 7

*Si dos triángulos tienen un ángulo de uno igual a un
ángulo de otro y tienen proporcionales los lados que comprenden los otros ángulos, y tienen los restantes ángulos
parejamente menores o no menores que un recto, los triángulos serán equiángulos y tendrán iguales los ángulos que
comprenden los lados proporcionales.*

Sean ABΓ, ΔEZ dos triángulos que tienen un ángulo (de
uno) igual a un ángulo (del otro): el BAΓ al EΔZ, y los lados que comprenden los otros ángulos ABΓ, ΔEZ, proporcionales, a saber: como AB es a BΓ, así ΔE a EZ; y tengan,
en primer lugar, los restantes (ángulos) correspondientes a
Γ, Z menores que un recto.

Digo que el triángulo ABΓ y el
triángulo ΔEZ son equiángulos y
el ángulo ABΓ será igual al (ángulo)
ΔEZ, y el ángulo restante, es decir,
el correspondiente a Γ, igual al (ángulo) restante correspondiente a Z.

Pues si el (ángulo) ABΓ no es igual al ángulo ΔEZ, uno de ellos es mayor. Sea mayor el ángulo ABΓ. Y constrúyase en la recta AB y en su punto B el ángulo ABH igual al (ángulo) ΔEZ [I, 23].

Y dado que el ángulo A es igual al Δ y el (ángulo) ABH al (ángulo) ΔEZ, entonces el (ángulo) restante AHB es igual al (ángulo) restante ΔZE [I, 32]. Luego el triángulo ABH y el triángulo ΔEZ son equiángulos. Por tanto, como AB es a BH, así ΔE a EZ. Pero se ha supuesto que, como ΔE es a EZ, AB es a BΓ; entonces AB guarda la misma razón con cada una de las (rectas) BΓ, BH [V, 11]; por tanto BΓ es igual a BH [V, 9]. De modo que también el ángulo correspondiente a Γ es igual al (ángulo) BHΓ [I, 5]. Ahora bien, el (ángulo) correspondiente a Γ se ha supuesto menor que un recto; por tanto el (ángulo) BHΓ es también menor que un recto; de modo que el adyacente a él, AHB, es mayor que un recto [I, 13]. Pero se ha demostrado que es igual al correspondiente a Z; entonces el correspondiente a Z es también mayor que un recto; pero se ha supuesto menor que un recto, lo cual es absurdo. Por tanto no es el caso de que el ángulo ABΓ no sea igual al (ángulo) ΔEZ; luego es igual. Y el (ángulo) correspondiente a A es igual al ángulo correspondiente a Δ; así pues, el (ángulo) restante correspondiente a Γ es igual al (ángulo) restante correspondiente a Z [I, 32]. Por tanto el triángulo ABΓ y el triángulo ΔEZ son equiángulos.

Pero supóngase a su vez que cada uno de los ángulos correspondientes a Γ, Z no son menores que un recto.

Digo ahora que también en este caso el triángulo ABΓ y el triángulo ΔEZ son equiángulos.

Pues, siguiendo la misma construcción, demostraríamos de manera semejante que BΓ es igual a BH; de modo que el ángulo correspondiente a Γ es también igual al (án-

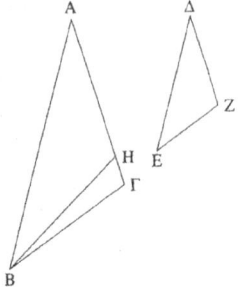

gulo) BHΓ [I, 5]. Pero el (ángulo) correspondiente a Γ no es menor que un recto. Entonces el (ángulo) BHΓ tampoco es menor que un recto. Así que los dos ángulos del triángulo BHΓ no son menores que dos rectos, lo cual es imposible [I, 17]. Por tanto, una vez más no es el caso de que el (ángulo) ABΓ no sea igual al (ángulo) ΔEZ; luego es igual. Pero el (ángulo) correspondiente a A es igual al (ángulo) correspondiente a Δ; así pues, el (ángulo) restante correspondiente a Γ es igual al (ángulo) restante correspondiente a Z [I, 32]. Luego el triángulo ABΓ y el triángulo ΔEZ son equiángulos.

Por consiguiente, si dos triángulos tienen un ángulo (de uno) igual a un ángulo (de otro) y tienen proporcionales los lados que comprenden los otros ángulos y tienen los restantes ángulos parejamente menores o no menores que un recto, los triángulos serán equiángulos y tendrán iguales los ángulos que comprenden los lados proporcionales. Q. E. D.

PROPOSICIÓN 8

Si en un triángulo rectángulo se traza una perpendicular desde el ángulo recto hasta la base, los triángulos adyacentes a la perpendicular son semejantes al (triángulo) entero y entre sí.

Sea ABΓ el triángulo rectángulo que tiene el ángulo recto BAΓ, y trácese desde A hasta BΓ la perpendicular AΔ.

Digo que cada uno de los triángulos ABΔ, AΔΓ es semejante al (triángulo) entero ABΓ y también (son semejantes) entre sí.

Pues como el (ángulo) BAΓ es igual al (ángulo) AΔB: porque cada uno de ellos es recto; y el (ángulo) correspondiente a B es común a los dos triángulos ABΓ, ABΔ, entonces, el (ángulo) restante AΓB es

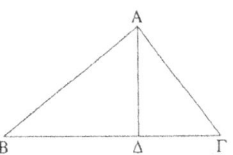

igual al (ángulo) restante BAΔ [I, 32]; por tanto, el triángulo ABΓ y el triángulo ABΔ son equiángulos. Luego, como el (lado) BΓ que subtiende el (ángulo) recto del triángulo ABΓ es al (lado) BA que subtiende el (ángulo) recto del triángulo ABΔ, así el propio (lado) AB que subtiende el ángulo correspondiente a Γ del triángulo ABΓ es al (lado) BΔ que subtiende el (ángulo) igual BAΔ del triángulo ABΔ, y también el (lado) AΓ al (lado) AΔ que subtiende el ángulo correspondiente a B común a los dos triángulos [VI, 4]. Por tanto el triángulo ABΓ y el triángulo ABΔ son equiángulos y tienen proporcionales los lados que comprenden los ángulos iguales. Entonces el triángulo ABΓ es semejante al triángulo ABΔ [VI, Def. 1].

De manera semejante demostraríamos que también el triángulo ABΓ es semejante al triángulo AΔΓ; por tanto cada uno de los (triángulos) ABΔ, AΔΓ son semejantes al (triángulo) entero ABΓ.

Digo ahora que los triángulos ABΔ, AΔΓ son también semejantes entre sí.

Pues como el (ángulo) recto BΔA es igual al (ángulo) recto AΔΓ y además se ha demostrado que también el (ángulo) BAΔ es igual al correspondiente a Γ, entonces el (ángulo) restante correspondiente a B es igual al (ángulo) restante ΔAΓ [I, 32]; por tanto el triángulo ABΔ y el triángulo AΔΓ son equiángulos. Luego, como el (lado) BΔ que subtiende al (ángulo) BAΔ del triángulo ABΔ es al (lado) ΔA que subtiende al (ángulo) correspondiente a Γ del triángulo AΔΓ, igual al (ángulo) BAΔ, así el propio (lado) AΔ que subtiende el ángulo correspondiente a B del triángulo ABΔ es al (lado) AΓ que subtiende el (ángulo) AΔΓ del triángulo AΔΓ, igual al ángulo correspondiente a B, y también el (lado) BA al (lado) AΓ, los cuales subtienden los (ángulos) rectos [VI, 4]. Entonces el triángulo ABΔ es semejante al triángulo AΔΓ [VI, Def. 1].

Por consiguiente, si en un triángulo rectángulo se traza una perpendicular desde el ángulo recto hasta la base, los triángulos adyacentes a la perpendicular son semejantes al (triángulo) entero y entre sí.

Porisma:

A partir de esto queda claro que si en un triángulo rectángulo se traza una perpendicular desde el ángulo recto hasta la base, la recta trazada es la media proporcional de los segmentos de la base. Q. E. D.[5].

---

[5] En el texto griego aparecen algunas líneas tras la cláusula del porisma (*hóper édei deîxai*): «y además el lado adyacente al segmento es una media proporcional entre la base y uno cualquiera de los segmentos». Heiberg considera estas palabras interpoladas porque, además de encontrarse detrás de la cláusula, faltan en algunos de los mejores mss., si bien P y Campano cuentan con ellas omitiendo la cláusula. Su punto de vista parece confirmado por el hecho de que, mientras que la primera parte del porisma se cita en varias ocasiones (VI 13, lema anterior a X 33, lema posterior a XIII 3), la segunda aparecerá con una prueba independiente en otros lugares.

PROPOSICIÓN 9

Quitar de una recta dada la parte que se pida.

Sea AB la recta dada.

Así pues, hay que quitar de AB la parte que se pida.

Pues pídase la tercera parte. Trá-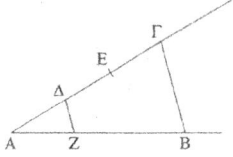
cese una recta AΓ a partir de A que
comprenda junto con AB un ángulo
cualquiera[6]; y tómese un punto al
azar Δ en la (recta) AΓ, y háganse
EΓ iguales a AΔ [I, 3]. Y trácese
BΓ; y, por el (punto) Δ, trácese ΔZ paralela a ella [I, 31].

Puesto que se ha trazado ZΔ paralela a uno de los lados, BΓ, del triángulo ABΓ, entonces, proporcionalmente,
como ΓΔ es a ΔA, así BZ a ZA [VI, 2]. Pero ΓΔ es el
doble de ΔA; por tanto BZ es también el doble de ZA;
luego BA es el triple de AZ.

Por consiguiente, se ha quitado de la recta dada AB la
tercera parte que se pedía. Q. E. F.

PROPOSICIÓN 10

*Dividir una recta dada no dividida de manera seme-
jante a una recta dada ya dividida.*

Sea AB la recta dada no dividida y AΓ la dividida en
los puntos Δ, E, y colóquense de modo que comprendan

---

[6] La expresión que aparece aquí y en las dos proposiciones siguientes es *tychoûsa gōnía* semejante a *tychón sēmeîon* que he traducido
como «un punto al azar». Pero aquí no se trata de «tomar» un ángulo
sino de trazar una recta de manera que forme un ángulo «cualquiera»
con otra recta.

un ángulo cualquiera y trácese ΓB, y, por los (puntos) A, E, trácense ΔZ, EH paralelas a BΓ, y, por el (punto) Δ, trácese AΛK paralela a AB [I, 31].

Entonces, cada una de las (figuras) ZΘ, ΘB es un paralelogramo; por tanto ΔΘ es igual a ZH y ΘK a HB [I, 34].

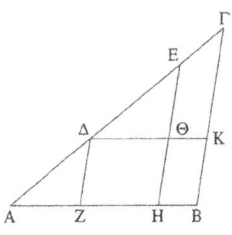 Ahora bien, como se ha trazado la recta ΘE paralela a uno de los lados, KΓ, del triángulo ΔKΓ, entonces, proporcionalmente, como ΓE es a EΔ, así KΘ a ΘΔ [VI, 2]. Pero KΘ es igual a BH y ΘΔ a HZ. Luego como ΓE es a EΔ, así BH a HZ.

Como a su vez se ha trazado la (recta) ZΔ paralela a uno de los lados HE del triángulo AHE, entonces, proporcionalmente, como EΔ es a ΔA, así HZ a ZA [VI, 2]. Pero se demostrado que también como ΓE es a EΔ, así BH a HZ. Por tanto, como ΓE es a EΔ, así BH a HZ, y como EΔ es a ΔA, así HZ a ZA.

Por consiguiente, se ha dividido la recta dada no dividida AB de manera semejante a la recta dada ya dividida AΓ. Q. E. F.

PROPOSICIÓN 11

Dadas dos rectas, hallar una tercera proporcional[7].

---

[7] La traducción de *proseurískein* por «hallar» no refleja exactamente lo que quiere decir en griego, pues *proseurískein* no es sinónimo de *heurískein*, sino que se refiere a una operación que consiste en completar una secuencia de segmentos de recta mediante la construcción de un nuevo segmento que tenga una relación determinada con los segmentos dados. En este mismo sentido se aplica a series de números en los libros de aritmética (cf. IX 18 y 19).

Sean BA, AR las (rectas) dadas y pónganse comprendiendo un ángulo cualquiera.

Así pues hay que hallar una tercera (recta) proporcional a BA, AΓ.

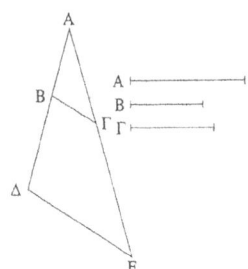

Prolónguense, pues, hasta los puntos Δ, E, Y hágase BΔ igual a AΓ [I, 3], trácese BΓ, y, por el punto Δ, trácese ΔE paralela a ella [I, 31].

Entonces, dado que ha sido trazada BΓ paralela a uno de los lados, ΔE, del triángulo AΔE, proporcionalmente, como AB es a BΔ, así AΓ a ΔE [VI, 2]. Pero BΔ es igual a AΓ. Por tanto, como AB es a AΓ, así AΓ a ΓE.

Por consiguiente, dadas dos rectas AB, AΓ, se ha hallado una tercera ΓE proporcional a ellas. Q. E. F.

PROPOSICIÓN 12

Dadas tres rectas, hallar una cuarta proporcional[8].

Sean A, B, Γ las tres rectas dadas.

Así pues hay que hallar una cuarta proporcional a A, B, Γ.

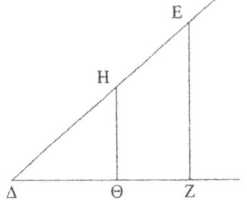

Dispónganse[9] las dos rectas ΔE, ΔZ comprendiendo el ángulo EΔZ; hágase ΔH igual a A, HE igual a B,

    [8] Se trata de un caso particular de la proposición 12. Para el significado de *proseureîn*, cf. nota 44.

    [9] Euclides utiliza aquí *ekkeísthōsan* «dispónganse», en lugar del simple *keísthōsan* «pónganse», mucho más frecuente.

y además ΔΘ igual a Γ; y, una vez trazada ΗΘ, trácese por el (punto) Ε la (recta) ΕΖ paralela a ella [I, 31].

Así pues, dado que ΗΘ ha sido trazada paralela a uno de los lados, ΕΖ, del triángulo ΔΕΖ, entonces, como ΔΗ es a ΗΕ, así ΔΘ a ΘΖ [VI, 22]. Pero ΔΗ es igual a Α, ΗΕ a Β y ΔΘ a Γ; por tanto, como Α es a Β, así Γ es a ΘΖ.

Por consiguiente, dadas tres rectas, Α, Β, Γ, se ha hallado una cuarta proporcional ΘΖ. Q. E. F.

PROPOSICIÓN 13

Dadas dos rectas, hallar una media proporcional.

Sean ΑΒ, ΒΓ las dos rectas dadas.

Así pues hay que hallar una media proporcional a las (rectas) ΑΒ, ΒΓ.

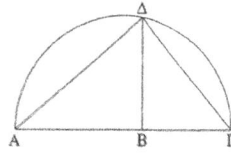

Pónganse en línea recta, y descríbase sobre ΑΓ el semicírculo ΑΔΓ y trácese a partir del punto Β la (recta) ΒΔ formando ángulos rectos con la recta ΑΓ, y trácense ΑΔ, ΔΓ.

Puesto que el (ángulo) ΑΔΓ es un ángulo en un semicírculo, es recto [III, 31]. Y, dado que en el triángulo rectángulo ΑΔΓ se ha trazado la perpendicular ΔΒ desde el ángulo recto hasta la base, entonces ΔΒ es una media proporcional entre los segmentos de la base, ΑΒ, ΒΓ [VI, 8, porisma].

Por consiguiente, dadas dos rectas, ΑΒ, ΒΓ, se ha hallado una media proporcional, ΔΒ. Q. E. F.[10].

---

[10] Esta proposición del libro VI, versión de la II, 14, es equivalente a

PROPOSICIÓN 14

En los paralelogramos iguales y equiángulos entre sí,
los lados que comprenden los ángulos iguales están inver-
samente relacionados, y aquellos paralelogramos equián-
gulos que tienen los lados que comprenden los ángulos
iguales inversamente relacionados, son iguales.

Sean AB, BΓ paralelogramos iguales y equiángulos
que tienen iguales los ángulos correspondientes a B, y
pónganse en línea recta los (lados)
ΔB, BE; entonces ZB, BH también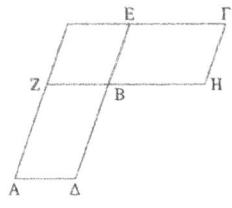
están en línea recta [I, 14].

Digo que en los (paralelogramos) AB, BΓ, los lados que comprenden los ángulos iguales están
inversamente relacionados, es decir,
que como ΔB es a BE, así HB a BZ.

Pues complétese el paralelogramo ZE. Así pues, dado
que el paralelogramo AB es igual al paralelogramo BΓ,
mientras que ZE es otro (paralelogramo), entonces como
el (paralelogramo) AB es al (paralelogramo) ZE, así el paralelogramo BΓ al (paralelogramo) ZE [V, 7]. Pero como
el (paralelogramo) AB es al (paralelogramo) ZE, así el
(lado) ΔB al (lado) BE [VI, 1], y como el paralelogramo
BΓ es al (paralelogramo) ZE, así el (lado) HB al (lado) BZ
[VI, 1]; entonces, como ΔB es a BE, así HB a BZ [V, 11].
Por tanto, en los paralelogramos AB, BΓ, los lados que
comprenden los ángulos iguales están inversamente relacionados.

---

la extracción de la raíz cuadrada y, además, nos permite, dada una razón
entre líneas rectas, hallar la razón que es su «subduplicada», o, dicho de
otro modo, la razón de la que ella es la duplicada.

Ahora bien, sea HB a BZ como ΔB es a BE.

Digo que el paralelogramo AB es igual al paralelogramo BΓ.

Pues dado que, como ΔB es a BE, así HB a BZ, mientras que, como ΔB es a BE, así el paralelogramo AB al paralelogramo ZE [VI, 1], y como HB es a BZ, así el paralelogramo BΓ al paralelogramo ZE [VI, 1], entonces, como AB es a ZE, así BΓ a ZE [V, 11]; por tanto el paralelogramo AB es igual al paralelogramo BΓ [V, 9].

Por consiguiente, en los paralelogramos iguales y equiángulos, los lados que comprenden los ángulos iguales están inversamente relacionados, y aquellos que tienen los lados que comprenden los ángulos iguales inversamente relacionados, son iguales. Q. E. D.

PROPOSICIÓN 15

En los triángulos iguales que tienen un ángulo (de uno) igual a un ángulo (del otro), los lados que comprenden los ángulos iguales están inversamente relacionados. Y aquellos triángulos que tienen un ángulo (de uno) igual a un ángulo (del otro) cuyos lados que comprenden los ángulos iguales están inversamente relacionados, son iguales.

Sean ABΓ, AΔE triángulos iguales que tienen un ángulo (de uno) igual a un ángulo (del otro), el ángulo BAΓ al ángulo ΔAE.

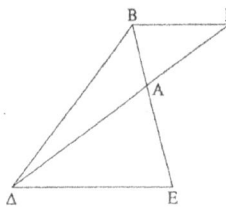

Digo que en los triángulos ABΓ, AΔE, los lados que comprenden los ángulos iguales están inversamente relacionados, es decir, que como ΓΔ es a AΔ, así EA a AB.

Pues hágase de modo que ΓA esté en línea recta con
AΔ; entonces EA está también en línea recta con AB [I,
14]. Y trácese BΔ.

Así pues, dado que el triángulo ABΓ es igual al triángulo AΔE y BAΔ es otro (triángulo), entonces, como el
triángulo ΓAB es al triángulo BAΔ, así el triángulo EAΔ
es al triángulo BAΔ [V, 7].

Pero como el (triángulo) ΓAB es al (triángulo) BAΔ,
así la (base) ΓA es a la (base) AΔ [VI, 1], y, como el (triángulo) EAΔ es al (triángulo) BAΔ, así la (base) EA a la
(base) AB. Entonces, como ΓA es a AΔ, así EA a AB. Por
tanto en los triángulos ABΓ, AΔE, los lados que comprenden los ángulos iguales están inversamente relacionados.

Pero, ahora, estén inversamente relacionados los lados de los triángulos ABΓ, AΔE y sea EA a AB como ΓA
a AΔ.

Digo que el triángulo ABΓ es igual al triángulo AΔE.

Pues, trazada de nuevo BΔ, dado que, como ΓA es a
AΔ, así EA a AB, mientras que, como ΓΔ es a AΔ, así el
triángulo ABΓ al triángulo BAΔ, y, como EA es a AB, así
el triángulo EAΔ al triángulo BAΔ [VI, 1], entonces,
como el triángulo ABΓ es al triángulo BAΔ, así el triángulo EAΔ al triángulo BAΔ [V, 11]. Así; pues, cada uno
de los (triángulos) ABΓ, EAΔ guardan la misma razón
con el (triángulo) BAΔ. Por tanto el (triángulo) ABΓ es
igual al (triángulo) EAΔ [V, 9].

Por consiguiente, en los triángulos iguales que tienen
un ángulo (de uno) igual a un ángulo (del otro), los lados
que comprenden los ángulos iguales están inversamente
relacionados; y aquellos triángulos que tienen un ángulo
(de uno) igual a un ángulo (del otro), cuyos lados que
comprenden los ángulos iguales están inversamente relacionados, son iguales. Q. E. D.

PROPOSICIÓN 16

Si cuatro rectas son proporcionales, el rectángulo comprendido por las extremas es igual al rectángulo comprendido por las medias; y si el rectángulo comprendido por las extremas es igual al rectángulo comprendido por las medias, las cuatro rectas serán proporcionales.

Sean AB, ΓΔ, E, Z cuatro rectas proporcionales, a saber: como AB es a ΓΔ, así E a Z.

Digo que el rectángulo comprendido por AB, Z es igual al rectángulo comprendido por ΓΔ, E.

Trácense a partir de los puntos A, Γ, las (rectas) AH, RΘ que formen ángulos rectos con las rectas AB, ΓΔ, y hágase AH igual a Z, y ΓΘ igual a E. Y complétense los paralelogramos BH, ΔΘ.

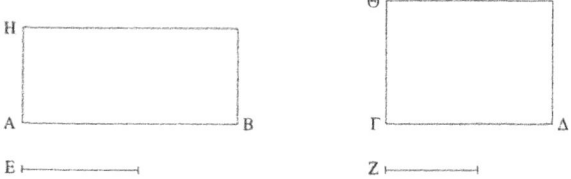

Pues bien, dado que, como AB es a ΓΔ, así E a Z, mientras que E es igual a ΓΘ y Z a AH, entonces, como AB es a ΓΔ, así ΓΘ a AH. Por tanto, en los paralelogramos BH, ΔΘ, los lados que comprenden los ángulos iguales son inversamente proporcionales; y aquellos paralelogramos equiángulos, que tienen los lados que comprenden los ángulos iguales inversamente proporcionales, son iguales [VI, 14]; luego el paralelogramo BH es igual al paralelogramo AΘ. Y BH es el (rectángulo comprendido) por AB, Z: porque AH es igual a Z. Pero ΔΘ es el (rectángulo

comprendido) por ΓΔ, E: porque E es igual a ΓΘ; entonces, el rectángulo comprendido por AB, Z es igual al rectángulo comprendido por ΓΔ, E.

Pero, ahora, sea igual el rectángulo comprendido por
AB, Z al rectángulo comprendido por ΓΑ, E.

Digo que las cuatro rectas serán proporcionales, a saber: como AB es a ΓΔ, así E a Z.

Pues, siguiendo la misma construcción, dado que el
(rectángulo comprendido) por AB, Z es igual al (rectángulo comprendido) por ΓΔ, E, y el (rectángulo comprendido) por AB, Z es el (rectángulo) BH: porque AH es
igual a Z; mientras que el (rectángulo comprendido) por
ΓΔ, E es el (rectángulo) ΔΘ: porque ΓΘ es igual a E;
entonces BH es igual a ΔΘ. Y son equiángulos. Pero en
los paralelogramos iguales y equiángulos, los lados que
comprenden los ángulos iguales están inversamente relacionados [VI, 14]. Así pues, como AB es a ΓΔ, así ΓΘ a
AH. Pero ΓΘ es igual a E y AH a Z; por tanto, como AB
es a ΓΔ, así E a Z.

Por consiguiente, si cuatro rectas son proporcionales,
el rectángulo comprendido por las extremas es igual al
rectángulo comprendido por las medias; y si el rectángulo
comprendido por las extremas es igual al rectángulo comprendido por las medias, las cuatro rectas serán proporcionales. Q. E. D.[11].

---

[11] Esta proposición es un caso particular de VI 14, pero merece consideración aparte. Se podría enunciar también de la siguiente forma:
«Los rectángulos que tienen sus bases inversamente relacionadas con
sus alturas, tienen la misma área; y los rectángulos iguales tienen sus bases inversamente relacionadas con sus alturas». Ahora bien, como cualquier paralelogramo es igual al rectángulo que tiene la misma base y la
misma altura, y cualquier triángulo es igual a la mitad del paralelogramo
que tiene la misma base y la misma altura, se sigue que: «Los paralelo-

PROPOSICIÓN 17

Si tres rectas son proporcionales, el rectángulo comprendido por las extremas es igual al cuadrado de la media; y si el rectángulo comprendido por las extremas es igual al cuadrado de la media, las tres rectas serán proporcionales.

Sean A, B, Γ tres rectas proporcionales, a saber: como A es a B, así B a Γ.

Digo que el rectángulo comprendido por A, Γ es igual al cuadrado de B.

Hágase Δ igual a B.

Y dado que A es a B como B es a Γ, y B es igual a Δ, entonces, como A es a B, así Δ es a Γ. Pero, si cuatro rectas son proporcionales, el (rectángulo comprendido) por las extremas es igual al rectángulo comprendido por las medias [VI, 16]. Entonces, el (rectángulo comprendido) por A, Γ es igual al (rectángulo comprendido) por B, Δ. Pero el (rectángulo comprendido) por B, Δ es el cuadrado de B: porque B es igual a Δ; por tanto el (rectángulo comprendido) por A, Γ es igual al (cuadrado) de B.

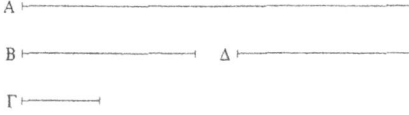

---

gramos o triángulos iguales tienen sus bases inversamente relacionadas con sus alturas y viceversa».

Este sería el lugar idóneo para incluir las proposiciones que Simson añade al libro VI como proposiciones B, C y D, que se prueban directamente siguiendo los procedimientos de VI, 16 (cf. SIMSON, ed. cit., págs. 188-189).

Pero ahora el (rectángulo comprendido) por A, Γ sea igual al (cuadrado) de B.

Digo que como A es a B, así B a Γ.

Pues, siguiendo la misma construcción, dado que el (rectángulo comprendido) por A, Γ es igual al (cuadrado) de B, mientras que el cuadrado de B es el (rectángulo comprendido) por B, Δ: porque B es igual a Δ; entonces el (rectángulo comprendido) por A, Γ es igual al (rectángulo comprendido) por B, Δ. Pero si el (rectángulo comprendido) por las extremas es igual al (rectángulo comprendido) por las medias, las cuatro rectas son proporcionales [VI, 16]. Entonces, como A es a B, así Δ a Γ. Pero B es igual a Δ; luego, como A es a B así B a Γ.

Por consiguiente, si tres rectas son proporcionales, el rectángulo comprendido por las extremas es igual al cuadrado de la media; y si el rectángulo comprendido por las extremas es igual al cuadrado de la media, las tres rectas serán proporcionales. Q. E. D.

PROPOSICIÓN 18

A partir de una recta dada, construir una figura rectilínea semejante y situada de manera semejante a una figura rectilínea dada.

Sea AB la recta dada y ΓE la figura rectilínea dada.

Así pues, hay que construir, sobre la recta AB, una figura rectilínea semejante y situada de manera semejante a la figura rectilínea ΓE.

Trácese ΔZ, y constrúyase sobre la recta AB y en sus puntos A, B el ángulo HAB igual al ángulo correspondiente a Γ, y el (ángulo) ABH igual al (ángulo) ΓΔΖ [I, 23]. Entonces el (ángulo) restante ΓΖΔ es igual al (ángulo) AHB [I, 32]; así pues el triángulo ΖΓΔ y el triángulo HAB son equiángulos. Entonces, proporcionalmente, como ΖΔ es a HB, así ΖΓ a HA, y ΓΔ a AB [VI, 4].

Constrúyase a su vez, sobre la recta BH y en sus puntos B, H, el (ángulo) BHΘ igual al (ángulo) ΔΖΕ, y el (ángulo) HBΘ igual al (ángulo) ΖΔΕ [I, 23]. Entonces el (ángulo) restante correspondiente a E es igual al (ángulo) restante correspondiente a Θ [I, 32]; por tanto el triángulo ΖΔΕ y el triángulo HΘB son equiángulos. Así pues, proporcionalmente, como ΖΔ es a HB, así ΖΕ a HΘ y EΔ a ΘB [VI, 4]. Pero se ha demostrado que también, como ΖΔ es a HB, así ΖΓ a HA y ΓΔ a AB; por tanto, asimismo, como ΖΓ es a AH, así ΓΔ a AB y ΖΕ a HΘ y también EΔ a ΘB. Y, dado que el (ángulo) ΓΖΔ es igual al (ángulo) AHB, y el (ángulo) ΔΖΕ al (ángulo) BHΘ, entonces, el ángulo entero ΓΖΕ es igual al (ángulo) entero AHΘ. Por lo mismo, el ángulo ΓΔΕ es también igual al (ángulo) ABΘ. Pero el (ángulo) correspondiente a Γ es también igual al (ángulo) correspondiente a A, y el (ángulo) correspondiente a E, al correspondiente a Θ. Entonces la figura AΘ es de ángulos iguales a (los de) la (figura) ΓΕ; y tienen proporcionales los lados que comprenden los ángulos iguales; por tanto, la figura rectilínea AΘ es semejante a la figura rectilínea ΓΕ [VI, Def. 1].

Por consiguiente, a partir de la recta AB, se ha construido la figura rectilínea AΘ, semejante y situada de manera semejante a la figura rectilínea dada ΓΕ. Q. E. F.[12].

----

[12] Simson pone las siguientes objeciones a esta demostración:

a. Solo se demuestra en el caso de los cuadriláteros, sin decir de qué forma se puede extender a las figuras rectilíneas de cinco o más lados.

PROPOSICIÓN 19

Los triángulos semejantes guardan entre sí la razón duplicada de sus lados correspondientes.

Sean ABΓ, ΔEZ triángulos semejantes que tienen el ángulo correspondiente a B igual al correspondiente a E, tales que[13], como AB es a BΓ, así ΔE es a EZ, de modo que BΓ corresponda a EZ [V, Def. 11].

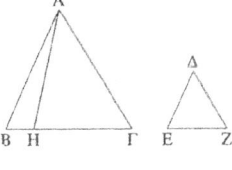

Digo que el triángulo ABΓ guarda con el triángulo ΔEZ una razón duplicada de la que (guarda) BΓ con EZ.

Tómese, pues, la tercera proporcional, BH, a las (rectas) BΓ, EZ, de modo que, como BΓ es a EZ, así EZ a BH [VI, 11]; y trácese AH.

Así pues, dado que, como AB es a BΓ, así ΔE a EZ, entonces, por alternancia, como AB es a ΔE, así BΓ a EZ [V, 16]. Pero, como BΓ es a EZ, así EZ a BH. Por tanto, también, como AB es a ΔE, así EZ a BH [V, 11]; luego en los triángulos ABH, ΔEZ, los lados que comprenden los ángulos iguales son inversamente proporcionales. Y aquellos triángulos que tienen un ángulo (de uno) igual a un ángulo (del otro), cuyos lados que comprenden los ángu-

---

b. En los triángulos equiláteros entre sí, se infiere que el lado del uno es al lado correspondiente del otro como el otro lado del primero a su lado correspondiente del segundo, sin permutar las proporciones, contra la costumbre de Euclides (cf. SIMSON, ed. cit., pág. 324). Heath no concede importancia a las objeciones de Simson (cf. HEATH, ed. cit., pág. 231).

[13] Literalmente: «que tiene el ángulo correspondiente a B igual al correspondiente a E y como AB es a BΓ, así ΔE a EZ.

Sobre el sentido de «duplicada» cf. nota 9.

los iguales son inversamente proporcionales, son iguales
[VI, 15]. Por tanto el triángulo ABH es igual al triángulo
ΔEZ. Ahora bien, dado que como BΓ es a EZ, así EZ a
BH, y, si tres rectas son proporcionales, la primera guarda
con la tercera una razón duplicada de la que (guarda) con
la segunda [V, Def. 9], entonces BΓ guarda con BH una
razón duplicada (de la) que (guarda) ΓB con EZ. Pero
como ΓB es a BH, así el triángulo ABΓ al triángulo ABH
[VI, 1]. Entonces el triángulo ABΓ guarda con el triángulo
ABH una razón duplicada (de la) que BΓ (guarda) con EZ.
Pero el triángulo ABH es igual al triángulo ΔEZ; entonces
el triánguio ABΓ guarda con el triángulo ΔEZ una razón
duplicada de la que BΓ (guarda) con EZ.

Por consiguiente, los triángulos semejantes guardan
entre sí una razón duplicada (de la que guardan) los lados
correspondientes.

Porisma:

A partir de esto queda claro, que, si tres rectas son proporcionales, entonces, como la primera es a la tercera, así
la figura construida sobre la primera es a la figura construida de manera semejante sobre la segunda[14].

---

[14] En el porisma Euclides habla de la «figura» *eîdos* construida sobre la primera recta y de la construida de manera semejante sobre la
segunda. Si con la palabra «figura» se refiere a un triángulo, que es lo
que aparece en la proposición, no habría ninguna dificultad, pero si se
refiere a cualquier figura rectilínea, el porisma no se establece realmen-
te hasta la siguiente proposición (VI, 20) y aquí estaría fuera de lugar.
La corrección de *eîdos* por *trígōnon* «triángulo» se debe a Teón. En
Campano y el ms. P aparece *eîdos*. Heiberg concluye que debe leerse
eîdos y que Teón, viendo la dificultad que ello representaba llevó a cabo
la corrección arriba mencionada y añadió el porisma 2 a VI, 20, para
aclarar el asunto. Para más detalles cf. HEATH, ed. cit., págs. 234-235.
Entre el porisma y la cláusula, Heiberg atetiza unas líneas: «puesto
que se ha demostrado que, como ΓB es a BH, así el triángulo ABΓ al

PROPOSICIÓN 20

Los polígonos semejantes se dividen en triángulos seme-
jantes e iguales en número y homólogos[15] *a los (polígonos)*
enteros y un polígono guarda con el otro una razón dupli-
cada de la que guarda el lado correspondiente con el lado
correspondiente.

Sean ΑΒΓΔΕ, ΖΗΘΚΛ polígonos semejantes, y sea
ΑΒ correspondiente a ΖΗ.

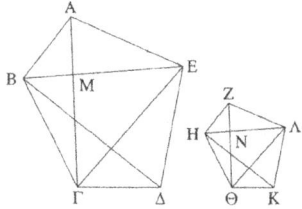

Digo que los polígonos ΑΒΓΔΕ, ΖΗΘΚΛ se dividen
en triángulos semejantes e iguales en número y homólogos a los (polígonos) enteros; y el polígono ΑΒΓΔΕ guarda con el polígono ΖΗΘΚΛ una razón duplicada de (la
que guarda) ΑΒ con ΖΗ.

---

triángulo ΑΒΓ, es decir, al triángulo ΔΕΖ». Euclides no suele utilizar
este tipo de aclaraciones en los porismas.

[15] La expresión utilizada por Euclides es *homológa taîs hólois*. Euclides utiliza *homólogos* para referirse a los términos correspondientes
de una proporción (V, Def. 11). A partir de Arquímedes designa cualquier elemento geométrico que ocupe el mismo lugar en dos figuras
entre las que se establece una comparación. En esta proposición se vis-
lumbra la transición entre el sentido estricto y el más amplio de la palabra. De hecho Euclides se siente obligado a explicar a qué se refiere:
«es decir, que los triángulos...». He traducido por «homólogos» para
distinguirlo de otros casos en los que se refiere a rectas o magnitudes.

Trácense BE, EΓ, HΛ, ΛΘ.

Y puesto que el polígono ABΓΔE es semejante al polígono ZHΘKΛ, el (ángulo) BAE es igual al (ángulo) HZΛ. Y, como BA es a AE, así HZ a ZΛ [VI, Def. 1]. Así pues, dado que ABE, ZHΛ son dos triángulos que tienen un ángulo (de uno) igual a un ángulo (del otro), y los lados que comprenden los ángulos iguales, proporcionales, entonces el triángulo ABE y el triángulo ZHΛ son equiángulos [VI, 6]; de modo que también son semejantes [VI, 4 y Def. 1]. Por tanto el ángulo ABE es igual al (ángulo) ZHΛ. Pero el (ánguio) entero ABΓ es también igual al (ángulo) entero ZHΘ por la semejanza de los polígonos; luego el ángulo restante EBΓ es igual al (ángulo) ΛHΘ. Ahora bien, puesto que, por la semejanza de los triángulos ABE, ZHΛ, como EB es a BA, así ΛH a HZ, mientras que también por la semejanza de los polígonos, como AB es a BΓ, así ZH a HΘ, entonces, por igualdad, como EB es a BΓ, así ΛH a HΘ [V, 22], y los lados que comprenden los ángulos iguales EBΓ, ΛHΘ son proporcionales; por tanto, el triángulo EBΓ y el triángulo ΛHΘ son equiángulos [VI, 6]; de modo que el triángulo EBΓ es semejante al triángulo ΛHΘ [VI, 4 y Def. 1]. Por lo mismo el triángulo EΓΔ es semejante al triángulo ΛΘK. Entonces los polígonos semejantes ABΓΔE, ZHΘKΛ se han dividido en triángulos semejantes e iguales en número.

Digo que también son homólogos a los polígonos enteros, es decir, de tal manera que los triángulos son proporcionales, y los antecedentes son ABE, EBΓ, EΓΔ, y sus consecuentes ZHΛ, ΛHΘ, ΛΘK y (digo) que el polígono ABΓΔE guarda con el polígono ZHΘKΛ una razón duplicada (de la que guarda) el lado correspondiente con el lado correspondiente, es decir, AB con ZH.

Trácense, pues, AΓ, ZΘ. Y puesto que, por la semejanza de los polígonos el ángulo ABΓ es igual al (ángulo)

ZHΘ, y, como AB es a BΓ, así ZH a HΘ, el triángulo ABΓ
y el triángulo ZHΘ son equiángulos [VI, 6]; entonces el
ángulo BAΓ es igual al (ángulo) HZΘ, y el (ángulo) BΓA
al (ángulo) HΘZ. Y puesto que el ángulo BAM es igual al
(ángulo) HZN, y el (ángulo) ABM es igual al (ángulo)
ZHN, entonces el (ángulo) restante AMB es igual al (ángulo) restante ZNH [I, 32]. Por tanto el triángulo ABM y
el triángulo ZHN son equiángulos. De manera semejante
demostraríamos que el triángulo BMΓ y el triángulo HNΘ
son equiángulos. Entonces, proporcionalmente, como AM
es a MB, así ZN a NH, mientras que como BM es a MΓ,
así HN a NΘ; de modo que también, por igualdad, como
AM es a MΓ, así ZN a NΘ. Pero, como AM es a MΓ, así
el (triángulo) ABM al (triángulo) MBΓ, y el (triángulo)
AME al (triángulo) EMΓ: porque son entre sí como sus
bases [VI, 1]. Entonces, también, como uno de los antecedentes es a uno de los consecuentes, así todos los antecedentes a todos los consecuentes [V, 12]; por tanto, como el
triángulo AMB es al (triángulo) BMΓ, así el (triángulo) ABE
al (triángulo) ΓBE. Ahora bien, como el (triángulo) AMB
es al (triángulo) BMΓ, así AM a MΓ; luego también, como
AM es a MΓ, así el triángulo ABE al (triángulo) EBΓ. Por
lo mismo, además, como ZN es a NΘ, así el triángulo
ZHΛ al triángulo HΛΘ. Ahora bien, como AM es a MΓ,
así ZN a NΘ; entonces, también, como el triángulo ABE
es al triángulo BEΓ, así el triángulo ZHΛ al triángulo
HΛΘ, y, por alternancia, como el triángulo ABE es al
triángulo ZHΛ, así el triángulo BEΓ es al (triángulo)
HΛΘ. De manera semejante demostraríamos, una vez tra-
zadas BΔ, HK, que también, como el triángulo BEΓ es al
triángulo ΛHΘ, así el triángulo EΓΔ al triángulo ΛΘK.
Y puesto que, como el triángulo ABE es al triángulo ZHΛ,
así el (triángulo) EBΓ al (triángulo) ΛHΘ y además el

(triángulo) ΕΓΔ al (triángulo) ΛΘΚ, entonces, como uno de los antecedentes es a uno de los consecuentes, así todos los antecedentes a todos los consecuentes [V, 12]. Por tanto, como el triángulo ΑΒΕ es al triángulo ΖΗΛ, así el polígono ΑΒΓΔΕ es al polígono ΖΗΘΚΛ. Pero el triángulo ΑΒΕ guarda con el triángulo ΖΗΛ una razón duplicada de la que el lado correspondiente ΑΒ (guarda) con el lado correspondiente ΖΗ: porque los triángulos semejantes guardan entre sí una razón duplicada de la de los lados correspondientes [VI, 19]. Por tanto, el polígono ΑΒΓΔΕ guarda con el polígono ΖΗΘΚΛ una razón duplicada de la que (guarda) el lado correspondiente ΑΒ con el lado correspondiente ΖΗ.

Por consiguiente, los polígonos semejantes se dividen en triángulos semejantes e iguales en número y homólogos a los (polígonos) enteros y un polígono guarda con otro una razón duplicada de la que el lado correspondiente guarda con el lado correspondiente.

Porisma:

De manera semejante, en el caso de los cuadriláteros se demostraría también que guardan una razón duplicada de la de los lados correspondientes. Pero se ha demostrado que también en el caso de los triángulos; de modo que, en general, las figuras rectilíneas guardan entre sí una razón duplicada de la de sus lados correspondientes. Q. E. D.

[Porisma 2:

Y si tomamos la tercera proporcional Ξ de los lados ΑΒ, ΖΗ, ΒΑ guardan con Ξ una razón duplicada de la que (guarda) ΑΒ con ΖΑ. Pero un polígono guarda con otro polígono, o un cuadrilátero con otro cuadrilátero, una razón duplicada de la que (guarda) el lado correspondiente con el lado correspondiente, es decir, ΑΒ con ΖΗ; pero se ha demostrado esto también en el caso de los triángulos;

de modo que, en general, queda claro que, si tres rectas
son proporcionales, como la primera es a la tercera, así
será la figura construida sobre la primera a la figura semejante construida de modo semejante sobre la segunda][16].

PROPOSICIÓN 21

*Las figuras semejantes a una misma figura rectilínea
son también semejantes entre sí.*

Pues sea cada una de las figuras A, B semejante a Γ.
Digo que también A es semejante a B.
Pues dado que A es semejante a Γ, también es de ángulo iguales a (los de) ella y tiene proporcionales los lados
que comprenden los ángulos igua-
les [VI, Def. 1].

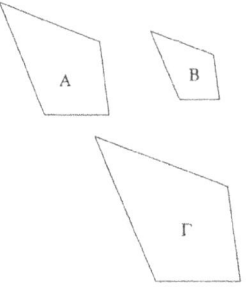

A su vez, dado que B es semejante a Γ, también es de ángulos
iguales a (los de) ella y tiene proporcionales los lados que compren-
denlos ángulos iguales. Por tanto
cada una de las (figuras) A, B es de
ángulos iguales a (los de) Γ y tiene los lados que comprenden los
ángulos iguales, proporcionales [de modo que también
A es de ángulos iguales a (los de) B y tiene los lados que
comprenden los ángulos iguales, proporcionales][17].
Por tanto A es semejante a B. Q. E. D.

_____
[16] Heiberg considera el segundo porisma una interpolación debida
a Teón.
[17] Heiberg considera estas palabras interpoladas por Teón, pues no
aparecen en el ms. P.

PROPOSICIÓN 22

*Si cuatro rectas son proporcionales, las figuras rectilí-
neas semejantes y construidas de manera semejante a
partir de ellas serán también proporcionales; y si las figuras semejantes y construidas de manera semejante a partir de ellas son proporcionales, las propias rectas serán
también proporcionales.*

Sean AB, ΓΛ, EZ, HΘ cuatro rectas proporcionales tales que como AB es a ΓΔ, así EZ a HΘ; y constrúyanse a
partir de AB, ΓΔ, las figuras rectilíneas semejantes y situadas de manera semejante KAB, ΛΓΔ, y a partir de EZ,
HΘ, las figuras rectilíneas semejantes y situadas de manera semejante MZ, NΘ.

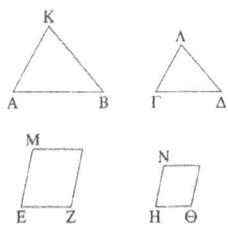

Digo que como KAB es a ΛΓΔ,
así MZ a NΘ.

Pues tómese la tercera proporcional, Ξ, a las rectas AB, ΓΔ, y la
tercera proporcional, O, a las (rectas) EZ, HΘ [VI, 11]. Y dado que,
como AB, es a ΓΔ, así EZ a HΘ,
y como ΓΔ es a Ξ, así HΘ a O, entonces, por igualdad, como AB es a Ξ,
así EZ a O [V, 22]. Pero como AB es a Ξ, así la (figura)
KAB a la (figura) ΛΓΔ, y como EZ es a O, así la (figura) MZ a la (figura) NΘ [VI, 19, Por.]; luego también,
como la (figura) KAB es a la (figura) ΛΓΔ, así la (figura)
MZ a la (figura) NΘ [V, 11].

Pero ahora sea MZ a NΘ como KAB a ΛΓΔ.

Digo que también como AB es a ΓΔ, así EZ a HΘ.
Pues si EZ no es a HΘ como AB es a ΓΔ, sea EZ a ΠP
como AB a ΓΔ [VI, 12], y constrúyase sobre ΠP la figura

rectilínea ΣP semejante y situada de modo semejante a una de las dos (figuras) MZ, NΘ [VI, 18].

Puesto que como AB es a ΓΔ, así EZ a ΠP, y a partir de AB, ΓΔ han sido descritas las (figuras) semejantes y situadas de manera semejante KAB, ΛΓΔ, y, a partir de EZ, ΠP, las (figuras) semejantes y situadas de manera semejante MZ, ΣP; entonces, como KAB es a ΛΓΔ, así MZ a ΣP.

Pero también se ha supuesto que, como KAB es a ΛΓΔ, así MZ a NΘ; entonces, también, como MZ es a ΣP, así MZ a NΘ [V, 11]; luego MZ guarda la misma razón con cada una de las (figuras) NΘ, ΣP; por tanto NΘ es igual a ΣP [V, 9]. Pero es semejante y situada de manera semejante a ella; por tanto HΘ es igual a ΠP. Y, dado que, como AB es a ΓΔ, así EZ a ΠP, y ΠP es igual a HΘ, entonces, como AB es a ΓΔ, así EZ a HΘ.

Por consiguiente, si cuatro rectas son proporcionales, las figuras rectilíneas semejantes y construidas de manera semejante a partir de ellas serán también proporcionales; y si las figuras rectilíneas semejantes y construidas de manera semejante a partir de ellas son proporcionales, las propias rectas serán también proporcionales. Q. E. D.

[Lema:

Que si las figuras rectilíneas son iguales y semejantes, sus lados correspondientes son iguales entre sí, lo demostraremos de la siguiente manera:

Sean NΘ, ΣP figuras rectilíneas iguales y semejantes y sea PΠ a ΠΣ como ΘH a HN.

Digo que PΠ es igual a ΘH.

Pues, si no son iguales, una de ellas es mayor. Sea mayor PΠ que ΘH. Y dado que, como PΠ es a ΠΣ, así ΘH a HN, y, por alternancia, como PΠ es a ΘH así ΠΣ a HN, y ΠP es mayor que ΘH, entonces ΠΣ es mayor que HN; de modo que también PΣ es mayor que ΘN. Pero también igual. Lo cual es absurdo. Por consiguiente no es el caso de que ΠP no sea igual a HΘ; luego es igual. Q. E. D.][18].

PROPOSICIÓN 23

Los paralelogramos equiángulos guardan entre sí la razón compuesta de (las razones) de sus lados[19].

Sean AΓ, ΓZ paralelogramos equiángulos que tienen el ángulo BΓΔ igual al (ángulo) EΓH.

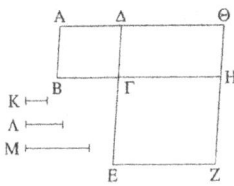

Digo que el paralelogramo ΔΓ guarda con el paralelogramo ΓZ la razón compuesta (de las razones de) sus lados.

Pues coloqúense de modo que BΓ esté en línea recta con ΓH; entonces ΔΓ está en línea recta con ΓE.

Complétese el paralelogramo ΔH, póngase una recta K y resulte que, como BΓ es a ΓH, así K a Λ, y como ΔΓ es a ΓE, así Λ a M [VI, 12].

Entonces, las razones de K a Λ y de Λ a M son las mismas que las razones de los lados, a saber: de BΓ a ΓH y de ΔΓ a ΓE. Pero la razón de K a M se compone de la razón de K a Λ y de la de Λ a M; de modo que también K

[18] En esta proposición se asume sin prueba que, puesto que las figuras NΘ, ΣP son semejantes y construidas de manera semejante, sus lados correspondientes son iguales. El lema que sigue a la definición trata de suplir esta deficiencia, pero presentarlo tras la proposición va en contra del proceder habitual de Euclides. Por ello Heiberg concluye que se trata de una interpolación, si bien, en este caso, anterior a Teón.

[19] Las palabras del texto son *lógon tòn synkeímenon ek tôn pleurôn*, lit., «razón compuesta de los lados», expresión abreviada por *lógon tòn synkeímenon ek tôn (lógōn) tôn pleurôn*.

guarda con M la razón compuesta de (las de) los lados.
Y, dado que, como BΓ es a ΓH, así el paralelogramo AΓ al
(paralelogramo) ΓΘ [VI, 1], mientras que, como BΓ es a ΓH,
así K a Λ, entonces, también, como K es a Λ, así ΔΓ a ΓΘ
[V, 11]. Por otra parte, dado que, como ΔΓ es a ΓE, así el
paralelogramo ΓΘ al (paralelogramo) ΓZ [VI, 1], pero,
como ΔΓ es a ΓE, así Λ a M, entonces, también, como Λ es
a M, así el paralelogramo ΓΘ al paralelogramo ΓZ [V, 11].

Puesto que se ha demostrado que como K es a Λ, así el
paralelogramo ΔΓ al paralelogramo ΓΘ, y, como Λ es a
M, así el paralelogramo ΓΘ al paralelogramo ΓZ, entonces, por igualdad, como K es a M, así el (paralelogramo)
ΔΓ al paralelogramo ΓZ. Pero K guarda con M la razón
compuesta de (las de) los lados; entonces AΓ guarda con
ΓZ la razón compuesta de (las de) sus lados.

Por consiguiente, los paralelogramos de ángulos iguales guardan entre sí la razón compuesta de (las razones de)
sus lados. Q. E. D.[20].

En todo paralelogramo, los paralelogramos situados
en torno a su diagonal son semejantes al (paralelogramo)
entero y entre sí.

Sea ABΓΔ un paralelogramo, y
su diagonal AΓ, y EH, ΘK los paralelogramos situados en torno a AΓ.
Digo que cada uno de los parale-

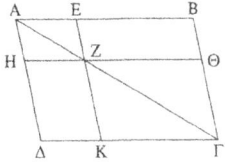

---

[20] Sobre la razón compuesta cf. nota 40 y SIMSON, ed. cit., págs.
324-329.

logramos EH, ΘK es semejante al (paralelogramo) entero ABΓΔ y al otro.

Pues como sé ha trazado EZ paralela a uno de los lados BΓ del triángulo ABΓ, proporcionalmente, como BE es a EA, así ΓZ a ZA [VI, 2]. Como se ha trazado a su vez ZH paralela a uno de los lados ΓΔ del triángulo AΓΔ, proporcionalmente, como ΓZ es a ZA, así ΔH a HA [VI, 2]. Pero se ha demostrado que, como ΓZ es a ZA, así también BE a EA; entonces, también, como BE es a EA, así ΔH a HA; entonces, por composición, como BA es a AE, así ΔA a AH [V, 18] y, por alternancia, como BA es a AΛ, así EA a AH [V, 16]. Así pues, en los paralelogramos ABΓΔ, EH, los lados que comprenden el ángulo común BAΔ son proporcionales. Y puesto que HZ es paralela a ΔΓ, el ángulo AZH es igual al (ángulo) ΔΓA; y el ángulo ΔAΓ es común a los dos triángulos AΔΓ, AHZ; por tanto, los triángulos AΔΓ y AHZ son equiángulos. Por lo mismo, los triángulos AΓB y AZE son también equiángulos, y el paralelogramo entero ABΓΔ y el paralelogramo EH son equiángulos. Entonces, proporcionalmente, como AΔ es a ΔΓ, así AH a HZ, mientras que como ΔΓ es a ΓA, así HZ a ZA, y, como AΓ es a ΓB, así AZ a ZE, y además, como ΓB es a BA, así ZE a EA. Puesto que se ha demostrado también que, como ΔΓ es a ΓA, así HZ a ZA, mientras que, como AΓ es a ΓB, así AZ a ZE, entonces, por igualdad, como ΔΓ es a ΓB, así HZ a ZE [V, 22]. Por tanto, en los paralelogramos ABΓΔ, EH, los lados que comprenden los ángulos iguales son proporcionales. Luego el paralelogramo ABΓΔ es semejante al paralelogramo EH [VI, Def. 1]. Por lo mismo, el paralelogramo ABΓΔ también es semejante al paralelogramo KΘ; entonces, cada uno de los paralelogramos EH, KΘ es semejante al (paralelogramo) ABΓΔ. Pero las (figuras) semejantes a una misma figura rectilínea también son semejantes entre sí [VI, 21]. Por tanto el paralelogramo EH es semejante al paralelogramo ΘK.

Por consiguiente, en todo paralelogramo, los paralelogramos situados en torno a la diagonal son semejantes al (paralelogramo) entero y entre sí. Q. E. D.

PROPOSICIÓN 25

Construir una misma (figura) semejante a una figura rectilínea dada, e igual a otra (figura) dada.

Sea ABΓ la figura rectilínea dada a la que debe ser semejante la figura que hay que construir y Δ (la figura) a la que debe ser igual.

Así pues, hay que construir una misma (figura) semejante a ABΓ e igual a Δ.

Apliquése, pues, al (lado) BΓ el paralelogramo BE igual al triángulo ABΓ [I, 44], y a ΓE el paralelogramo ΓM igual a Δ en el ángulo ZΓE que es igual al (ángulo) ΓBΛ [I, 45]. Entonces BΓ está en línea recta con ΓZ, y ΔE con EM. Y tómese la media proporcional HΘ a las (rectas) BΓ, ΓZ [VI, 13], y constrúyase a partir de HΘ la (figura) KHΘ semejante y situada de manera semejante a ABΓ [VI, 18].

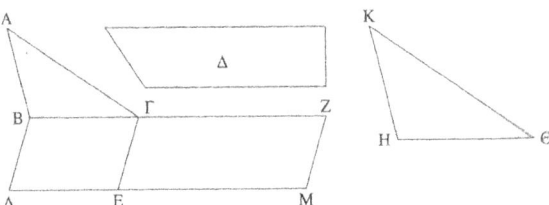

Puesto que como BΓ es a HΘ, así HΘ a ΓZ, si tres rectas son proporcionales, como la primera es a la tercera, así la (figura construida) a partir de la primera a la figura semejante y construida de manera semejante a partir de la segunda [VI, 19, Por.], entonces, como BΓ es a ΓZ, así el triángulo ABΓ al triángulo KHΘ. Pero también, como BΓ es a ΓZ, así el paralelogramo BE al paralelogramo EZ [VI, 1]. Entonces también, como el triángulo ABΓ es al triángulo KHΘ, así el paralelogramo BE al paralelogramo EZ. Así pues, por alternancia, como el triángulo ABΓ es al paralelogramo BE, así el triángulo KHΘ es al paralelogramo EZ [V, 16]. Pero el triángulo ABΓ es igual al paralelogramo BE; entonces el triángulo KHΘ es igual al paralelogramo EZ. Pero el paralelogramo EZ es igual a Δ. Entonces el (triángulo) KHΘ es también igual a Δ. Y el triángulo KHΘ es también semejante al (triángulo) ABΓ.

Por consiguiente, se ha construido una misma figura semejante a la figura rectilínea dada ABΓ e igual a otra (figura) dada Δ. Q. E. F.[21].

PROPOSICIÓN 26

Si se quita de un paralelogramo un paralelogramo semejante y situado de manera semejante al paralelogramo entero que tenga un ángulo común con él, está en torno a la misma diagonal que el (paralelogramo) entero.

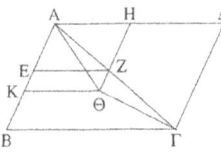

Pues quítese del paralelogramo ABΓΔ el paralelogramo AZ semejante y situado de manera semejante a ABΓΔ y que tenga el ángulo ΔAB común con él.

---

[21] Se atribuye a Pitágoras una resolución inicial de este importante problema.

Digo que ΑΒΓΔ está en torno a la misma diagonal que ΑΖ.

Pues supongamos que no, pero si es posible, sea la diagonal ΑΘΓ, y prolongada ΗΖ llévese hasta Θ y trácese por el (punto) Θ, la (recta) ΘΚ paralela a una de las (rectas) ΑΔ, ΒΓ [I, 31].

Dado que ΑΒΓΔ está en torno a la misma diagonal que ΚΗ, entonces, como ΔΑ es a ΑΒ, así ΗΑ a ΑΚ [VI, 24]. Pero también, por semejanza de los paralelogramos ΑΒΓΔ y ΕΗ, como ΔΑ es a ΑΒ, así ΗΑ a ΑΕ; entonces también como ΗΑ es a ΑΚ, así ΗΑ a ΑΕ [V, 11]. Así pues, ΗΑ guarda la misma razón con cada una de las (rectas) ΑΚ, ΑΕ. Por tanto ΑΕ es igual a ΑΚ [V, 9], la menor a la mayor; lo cual es imposible. Luego no es el caso de que ΑΒΓΔ no esté en torno a la misma diagonal que ΑΖ; por tanto el paralelogramo ΑΒΓΔ está en torno a la misma diagonal que ΑΖ.

Por consiguiente, si se quita de un paralelogramo un paralelogramo semejante y situado de manera semejante al (paralelogramo) entero, que tenga un ángulo común con él, está en torno a la misma diagonal que el paralelogramo entero. Q. E. D.[22].

PROPOSICIÓN 27

De todos los paralelogramos aplicados a una misma recta y deficientes en figuras paralelogramas semejantes y situadas de manera semejante al construido a partir de la mitad de la recta, el (paralelogramo) mayor es el

_____

[22] Se trata de la proposición conversa de la 24 y no es fácil explicar su situación aquí, detrás de la 25.

que es aplicado a la mitad de la recta y es semejante al defecto[23].

Sea AB la recta y divídase en dos partes iguales en el (punto) Γ y aplíquese a la recta AB el paralelogramo AΔ deficiente en la figura paralelograma ΔB construida sobre la mitad de AB, es decir, ΓB.

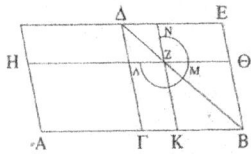

Digo que todos los paralelogramos aplicados a AB y deficientes en las figuras semejantes y situadas de manera semejante a AB, el mayor es AΔ.

Pues aplíquese a la recta AB el paralelogramo ΔZ deficiente en la figura paralelograma ZB semejante y situada de manera semejante a ΔB.

Digo que ΔA es mayor que AZ.

Pues como ΔB es un paralelogramo semejante al paralelogramo ZB, están en torno a la misma diagonal [VI, 26]. Trácese su diagonal ΔB y constrúyase la figura.

---

[23] Sobre aplicación de áreas, cf. EUCLIDES, *Elementos* I-IV, nota 59. En la proposición 44 del libro I se planteaba el problema de aplicar a una recta dada un paralelogramo igual a una figura rectilínea dada. En VI, 27-29, se trata de paralelogramos aplicados a una misma recta pero que son «deficientes» o que «exceden» de la manera indicada.

Las proposiciones 27-29 se han considerado como una especie de equivalente geométrico de la forma algebraica más generalizada de ecuaciones cuadráticas cuando tienen una raíz real y positiva. El método expuesto fue muy popular entre los geómetras griegos y se usó muy frecuentemente para la resolución de diferentes problemas. Constituye el fundamento del libro X de los *Elementos* y del procedimiento seguido por Apolonio en el estudio de las secciones cónicas. Simson destaca la enorme utilidad de estas proposiciones, tachando de ignorantes a quienes como Tacquet y Dechales las eliminan de los *Elementos* por considerarlas de escasa utilidad.

Pues bien, dado que ΓZ es igual a ZE y ZB es común
[I, 43], entonces el (paralelogramo) entero ΓΘ es igual al
(paralelogramo) entero KE. Pero ΓΘ es igual a ΓH, porque AΓ también es igual a ΓB [I, 36]. Por tanto HΓ es
también igual a EK. Añádase a ambos ΓZ; entonces el (paralelogramo) entero AZ es igual al gnomon AMN; de modo
que el paralelogramo ΔB, es decir, AΔ, es mayor que el
paralelogramo AZ.

Por consiguiente, de todos los paralelogramos aplicados a una misma recta y deficientes en figuras paralelogramas semejantes y situadas de manera semejante al construido a partir de la mitad de la recta, el (paralelogramo)
mayor es el aplicado a la mitad de la recta. Q. E. D.

PROPOSICIÓN 28

*Aplicar a una recta dada un paralelogramo igual a
una figura rectilínea dada deficiente en una figura paralelograma semejante a una dada; pero es necesario que la
figura rectilínea dada no sea mayor que el paralelogramo
construido a partir de la mitad y semejante al defecto[24].*

Sea AB la recta dada y Γ la figura rectilínea dada a la
que debe ser igual la figura que hay que aplicar a la recta
AB, sin que sea mayor que el (paralelogramo) construido
a partir de la mitad de AB y semejante al defecto; y sea Δ
el (paralelogramo) al que ha de ser semejante el defecto.

---

[24] La segunda parte del enunciado es un caso claro de *diorismós*. Por
otra parte, en esta proposición y en la siguiente se asume tácitamente
que, si de dos paralelogramos semejantes uno es mayor que otro, cada
lado del mayor es mayor que el lado correspondiente del menor.

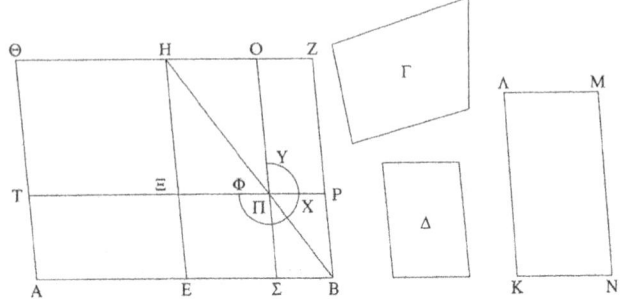

Así pues, hay que aplicar a la recta dada AB un parale-logramo igual a la figura rectilínea dada Γ deficiente en la figura paralelograma que es semejante a Δ.

Divídase AB en dos partes iguales por el punto E, y constrúyase a partir de EB el (paralelogramo) EBZH semejante y situado de manera semejante Δ [VI, 18], y complétese el paralelogramo AH.

Si en efecto el (paralelogramo) AH es igual a Γ, se habría hecho lo propuesto; pues ha sido aplicado a la recta dada AB un paralelogramo igual a la figura dada Γ, deficiente en la figura paralelograma HB que es semejante a Δ. Y si no, sea ΘE mayor que Γ. Y ΘE es igual a HB; entonces HB es también mayor que Γ. Constrúyase entonces KΛMN igual al exceso por el que HB es mayor que Γ y semejante y situada de manera semejante a Δ [VI, 25].

Pero Δ es semejante a HB; entonces KM es también semejante a HB [VI, 21]. Sea KΛ correspondiente a HE y ΛM a HZ. Ahora bien, como HB es igual a Γ, KM, entonces HB es mayor que KM; luego HE es también mayor que KΛ, y HZ (mayor que) ΛM. Hágase HΞ igual a KΛ y HO a ΛM, y complétese el paralelogramo ΞHOΠ; entonces es igual y semejante a KM. Luego HΠ es también semejante a HB [VI, 21]; por tanto HΠ está en torno a la misma diagonal que HB [VI, 26]. Sea su diagonal HΠB y constrúyase la figura.

Pues bien, dado que BH es igual a Γ, KM y en ellas HΠ es igual a KM, entonces el gnomon restante YXΦ es igual a la (figura) restante Γ. Y, puesto que OP es igual a ΞΣ, añádase a ambos ΠB; entonces el (paralelogramo) entero OB es igual al (paralelogramo) entero ΞB. Pero ΞB es igual a TE, porque el lado AE es también igual a EB [I, 36]; entonces TE es también igual a OB. Añádase a ambos ΞΣ; entonces el (paralelogramo) entero TΣ es igual al gnomon entero ΦXY. Pero se ha demostrado que el gnomon ΦXY es igual a Γ; por tanto TΣ es igual a Γ.

Por consiguiente se ha aplicado a la recta dada AB un paralelogramo it igual a la figura rectilínea dada Γ, deficiente en la figura paralelograma ΠB que es semejante a Δ. Q. E. F.

PROPOSICIÓN 29

Aplicar a una recta dada un paralelogramo igual a una figura rectilínea dada y que exceda en una figura paralelograma semejante a una dada.

Sea AB la recta dada, Γ la (figura) rectilínea dada igual al (paralelogramo) que hay que aplicar a AB y Δ la (figura) semejante al (paralelogramo) en que es necesario que exceda.

Así pues, hay que aplicar a la recta AB un paralelogramo igual a la (figura) rectilínea Γ y que exceda en una figura paralelograma semejante a Δ.

Divídase AB en dos partes iguales por el (punto) E y constrúyase a partir de EB el paralelogramo BZ semejante

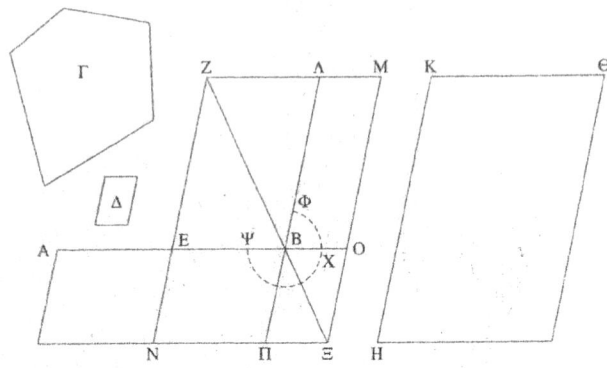

y situado de manera semejante a Δ, y constrúyase HΘ
igual a ambos BZ, Γ y al mismo tiempo semejante y situado de manera semejante a Δ [VI, 25]. Y sea KΘ correspondiente a ZΛ, y KH a ZE. Y puesto que HΘ es mayor
que ZB, entonces KΘ es también mayor que ZΛ y KH que
ZE. Prolónguense ZΛ, ZE, y sea ZΛM igual a KΘ y ZEN
igual a KH, y complétese MN; entonces MN es igual y
semejante a HΘ. Pero HΘ es semejante a EΛ; luego MN
es semejante también a EΛ [VI, 21]; luego EΛ está en
torno a la misma diagonal que MN. Trácese su diagonal
ZΞ, y constrúyase la figura.

Puesto que HΘ es igual a EΛ, Γ, mientras que HΘ es
igual a MN, entonces MN es también igual a EΛ, Γ. Quítese de ambas EΛ; entonces el gnomon restante ΨXΦ
es igual a Γ. Y puesto que AE es igual a EB, AN también es
igual a NB [I, 36], es decir, a ΛO [I, 43]. Añádase a ambos
EΞ; entonces el (paralelogramo) entero AΞ es igual al
gnomon ΦXΨ. Pero el gnomon ΦXΨ es igual a Γ. Por
tanto AΞ es igual a Γ.

Por consiguiente, se ha aplicado a la recta AB un paralelogramo AΞ igual a la (figura) rectilínea dada Γ y que

excede en la figura paralelograma ΠO que es semejante a
Δ, puesto que OΠ es semejante a EΛ [VI, 24]. Q. E. F.

PROPOSICIÓN 30

Dividir una recta finita dada en extrema y media razón.

Sea AB la recta finita dada.

Así pues, hay que dividir la recta AB en extrema y media razón.

Constrúyase a partir de AB el cuadrado BΓ y aplíquese
a AΓ el paralelogramo ΓΔ igual a BΓ y que exceda en la
figura AΔ semejante a BΓ [VI, 29].

Ahora bien, BΓ es un cuadrado; en-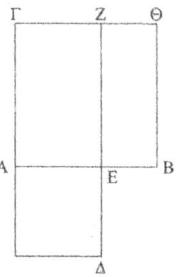
tonces AΔ es también un cuadrado. Y como
BΓ es igual a ΓΔ, quítese de ambos ΓE;
entonces el (paralelogramo) restante BZ
es igual al (paralelogramo) restante AΔ.
Pero son también equiángulos; entonces los lados que comprenden los ángulos iguales de los (paralelogramos) BZ,
AΔ son inversamente proporcionales
[VI, 14]; entonces, como ZE es a EΔ, así AE a EB. Pero
ZE es igual a AB y EΔ a AE. Por tanto, como BA es a AE,
así AE a EB. Pero AB es mayor que AE; así pues, AE es
también mayor que EB.

Por consiguiente se ha dividido la recta AB en extrema
y media razón por E y su segmento mayor es AE. Q. E. F.[25].

---

[25] Se trata de una aplicación directa de VI 29, en el caso particular de
que el exceso del paralelogramo que se aplica sea un cuadrado. Cf. II 11.

PROPOSICIÓN 31

En los triángulos rectángulos, la figura (construida) a partir del lado que subtiende el ángulo recto es igual a las figuras semejantes y construidas de manera semejante a partir de los lados que comprenden el ángulo recto.

Sea ABΓ el triángulo rectángulo que tiene el ángulo recto BAΓ.

Digo que la figura (construida) a partir de BΓ es igual a las figuras semejantes y construidas de manera semejante a partir de los lados BA, AΓ.

Trácese la perpendicular AΔ.

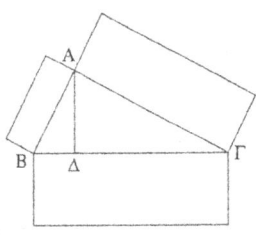

Puesto que se ha trazado la perpendicular AΔ en el triángulo rectángulo ABΓ desde el ángulo recto A hasta la base BΓ, los triángulos ABΔ, AΔΓ, adyacentes a la perpendicular, son semejantes al (triángulo) completo ABΓ y entre sí [VI, 8].

Y puesto que ABΓ es semejante a ABΔ, entonces, como ΓB es a BA, así AB a BΔ [VI, Def. 1]. Ahora bien, dado que tres rectas son proporcionales, como la primera es a la tercera, así la figura (construida) a partir de la primera es a la (figura) semejante y construida de manera semejante a partir de la segunda [VI, 19, Por.]. Entonces, como ΓB es a BΔ, así la figura (construida) a partir de ΓB es a la (figura) semejante y construida de manera semejante a partir de BA. Por lo mismo, además, como BΓ es a ΓΔ, así la figura (construida) a partir de BΓ es a la (figura) construida a partir de ΓA. De modo que también, como BΓ es a BΔ, ΔΓ, así la figura (construida) a partir de BΓ a las (figuras) semejantes y construidas de manera semejante a partir de BA, AΓ. Pero BΓ es igual a BΔ, ΔΓ; por tanto la figura (construida) a partir de BΓ es también igual a las figuras semejantes y construidas de manera semejante a partir de BA, AΓ.

Por consiguiente, en los triángulos rectángulos la figura (construida) a partir del lado que subtiende el ángulo recto es igual a las figuras semejantes y construidas de manera semejante a partir de los lados que comprenden el ángulo recto. Q. E. D.

PROPOSICIÓN 32

Si dos triángulos que tienen dos lados (de uno) proporcionales a dos lados (del otro) se construyen unidos por un ángulo[26] de modo que sus lados correspondientes sean paralelos, los restantes lados de los triángulos estarán en línea recta.

Sean ABΓ, ΔΓE dos triángulos que tienen los dos lados BA, AΓ proporcionales a los dos lados ΔΓ, ΔE (es decir) como AB es a AΓ, así ΔΓ a ΔE, y AB paralela a ΔΓ y AΓ a ΔE.

Digo que BΓ está en línea recta con ΓE.

Pues como AB es paralela a ΔΓ, y la recta AΓ ha incidido sobre ellas, los ángulos alternos BAΓ, AΓΔ son iguales entre sí [I, 29]. Por lo mismo el (ángulo) ΓΔE es también igual al (ángulo) AΓΔ. De

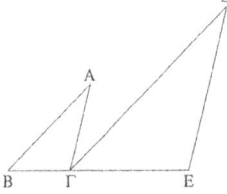

---

[26] La expresión griega es *syntithênai katà mían gōnían.*

modo que también el (ángulo) BAΓ es igual al ángulo
ΓΔE. Y puesto que ABΓ, ΔΓE, son dos triángulos que tienen un ángulo, el correspondiente a A, igual a un ángulo,
el correspondiente a Δ, y los lados que comprenden los
ángulos iguales, proporcionales (es decir que) como BA es
a AΓ, así ΓΔ a ΔE, entonces el triángulo ABΓ y el triángulo ΔΓE son equiángulos [VI, 6]. Por tanto el ángulo
ABΓ es igual al (ángulo) ΔΓE. Pero se ha demostrado que
el (ángulo) AΓΔ es también igual al (ángulo) BAΓ; luego el (ángulo) entero AΓE es igual a los dos (ángulos)
ABΓ, BAΓ. Añádase a ambos el (ángulo) AΓB; entonces
los (ángulos) AΓE, AΓB son iguales a los (ángulos) BAΓ,
AΓB, ΓBA. Pero los (ángulos) BAΓ, ABΓ, AΓB son iguales a dos rectos [I, 32]; luego los (ángulos) AΓE, AΓB son
también iguales a dos rectos. Por tanto, las dos rectas BΓ,
ΓE que no están en el mismo lado forman con una recta
AΓ y en su punto Γ los ángulos adyacentes AΓE, AΓB
iguales a dos rectos; por tanto BΓ está en línea recta con
ΓE [I, 14].

Por consiguiente, si dos triángulos que tienen dos lados
(de uno) proporcionales a dos lados (del otro) se construyen unidos por un ángulo de modo que sus lados correspondientes sean paralelos, los restantes lados de los triángulos estarán en línea recta. Q. E. D.

PROPOSICIÓN 33

*En los círculos iguales, los ángulos guardan la misma
razón que las circunferencias sobre las que están, tanto si
están en el centro como si están en las circunferencias*[27].

---

[27] Cf. EUCLIDES, *Elementos* III (núm. 155 de la B.C.G.), Definicio-

Sean AΒΓ, ΔΕΖ los círculos iguales y sean BHΓ, ΕΘΖ
los ángulos correspondientes a sus centros (H, Θ) y ΒΑΓ,
ΕΔΖ los (ángulos) correspondientes a sus circunferencias.
Digo que: como la circunferencia ΒΓ es a la circunfe-
rencia EZ, así el ángulo BHΓ al (ángulo) ΕΘΖ y el ángulo
ΒΑΓ al (ángulo) ΕΔΖ.
Pues háganse tantas circunferencias sucesivas ΓΚ, ΚΛ
como se quiera iguales a ΒΓ y tantas circunferencias suce-
sivas ΖΜ, ΜΝ como se quiera, iguales a ΕΖ, y trácense
ΗΚ, ΗΛ, ΘΜ, ΘΝ.

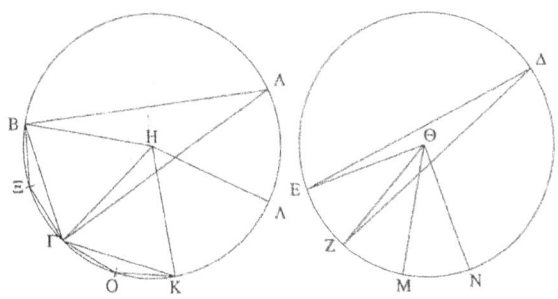

Así pues, como las circunferencias ΒΓ, ΓΚ, ΚΛ son
iguales entre sí, los ángulos BHΓ, ΓΗΚ, ΚΗΛ son tam-
bién iguales entre sí |III, 27]; entonces cuantas veces ΒΛ
es múltiplo de ΒΓ, tantas veces el ángulo ΒΗΛ es también
múltiplo del (ángulo) BHΓ. Por lo mismo, también, cuantas veces la circunferencia ΝΕ es múltiplo de la circunferencia ΕΖ, tantas veces el ángulo ΝΘΕ es múltiplo también del (ángulo) ΕΘΖ. Entonces, si la circunferencia ΒΛ
es igual a la circunferencia ΕΝ, el ángulo ΒΗΛ es también
igual al (ángulo) ΕΘΝ [III, 27], y si la circunferencia ΒΛ
es mayor que la circunferencia ΕΝ, el ángulo ΒΗΛ es tam-

bién mayor que el (ángulo) EΘN, y si es menor, menor. Habiendo entonces cuatro magnitudes, las dos circunferencias BΓ, EZ y los dos ángulos BHΓ, EΘZ, se han tomado unos equimúltiplos de la circunferencia BΓ y del ángulo BHΓ, a saber: la circunferencia BΛ y el ángulo BHΛ; y otros equimúltiplos de la circunferencia EZ y el ángulo EΘZ, a saber: la circunferencia EN y el ángulo EΘN.

Ahora bien, se ha demostrado que, si la circunferencia BΛ excede a la circunferencia EN, el ángulo BHΛ excede también al ángulo EΘN, y si es igual, es igual, y si menor, menor. Entonces, como la circunferencia BΓ es a la (circunferencia) EZ, así el ángulo BHΓ al (ángulo) EΘZ [V, Def. 5]. Pero, como el ángulo BHΓ es al (ángulo) EΘZ, así el (ángulo) BAΓ al (ángulo) EΔZ; pues son dobles respectivamente. Entonces, como la circunferencia BΓ es a la circunferencia EZ, así el ángulo BHΓ al (ángulo) EΘZ y el (ángulo) BAΓ al (ángulo) EΔZ.

Por consiguiente, en los círculos iguales, los ángulos guardan la misma razón que las circunferencias sobre las que están, tanto si están en el centro como si están en las circunferencias. Q. E. D.[28].

---

[28] La asunción tácita de que el ángulo que está en un arco mayor es mayor, y el que está en un arco menor es menor, se deduciría fácilmente de III, 27.

LIBRO VII

DEFINICIONES

1. Una unidad es aquello en virtud de lo cual cada una de las cosas que hay es llamada una[1].

---

[1] *Monás estin kath 'hèn hékaston tôn óntōn hèn légetai.*

JÁMBLICO, en su *Comentario a la Introducción a la aritmética de Nicómaco* 11, 5, apunta que esta definición de Euclides es la de los autores más recientes (*hoi neóteroi*) y que le faltan las palabras *kàn systematikònê i* «aunque sea un colectivo». En este mismo contexto recuerda otras definiciones:

a. «La unidad es una frontera (*methórion*) entre número y partes», en opinión de algunos pitagóricos.

b. Un pitagórico antiguo, TIMARIDAS, la define a su vez como «cantidad limitada» (*peraínusa posótes*). Teón de Esmirna añade la explicación de que una unidad es «aquello que, cuando la cantidad disminuye mediante sustracción continua, se ve privado de todo número y toma una posición y un resto permanentes». Si, tras haber llegado a la unidad por este medio, procediéramos a dividirla en partes, tendríamos de nuevo una cantidad.

c. Otros la definen —siempre según Jámblico— como forma de formas (*eidôn eîdos*) en atención a que comprende virtualmente todas las formas de un número, es decir: un número poligonal de cualquier número de lados a partir de tres, un número sólido en todas sus formas, y así sucesivamente. HEATH no se resiste a traer a colación a este propósito la noción moderna de número como «clase de clases», ed. cit., II, pág. 279.

2. Un número es una pluralidad compuesta de unidades[2].

---

d. ARISTÓTELES la definía como «lo indivisible en lo que se refiere a la cantidad» *tò katà tò posòn adiaíreton* (*Metafísica* 1089b35). Se diferencia del punto en que la unidad no tiene posición (*Metafísica* 1016b25). De acuerdo con esta última distinción, Aristóteles llama a la unidad «un punto sin posición» *stigmè áthetos* (*Metafísica* 1084b26).

e. Por último, Jámblico dice que la escuela de Crisipo define la unidad de una forma confusa (*synkechyménōs*), a saber como «pluralidad uno» (*plêthos hén*).

La definición de Euclides parece dirigida a separar la unidad de la multiplicidad y de la divisibilidad —lo cual, en cierto modo, supondría una exclusión de las fracciones (cf. PLATÓN, *República* 525e)—. Pero, en todo caso, su utilidad matemática es muy inferior a sus resonancias filosóficas. El propio Platón ya había reparado, con cierta gracia, en esta dimensión de la definición «moderna»: «Hombres asombrosos, ¿acerca de qué números discurrís, en los cuales se halla la unidad tal como la consideráis, como igual a cualquier otra unidad sin diferir en lo más mínimo y sin contener en sí misma parte alguna?» (*República* VII 526a).

Por lo demás, Teón de Esmina atribuye la etimología de *monás* «unidad» bien al hecho de permanecer inalterada cuando se multiplica por sí misma cualquier número de veces, o bien al hecho de mantenerse aislada (*memonôsthai*) del resto de los números. Nicómaco observa a su vez que mientras cualquier número es la mitad de la suma de los números adyacentes y de los números equidistantes, por cada lado, la unidad resulta más aislada pues no tiene números a ambos lados sino solo a uno de ellos, amén de limitarse a ser la mitad del siguiente, el 2.

[2] *Arithmós de tó ek monádōn synkeímenon plêthos.*

La definición de número de Euclides no es, una vez más, sino una de las muchas que conocemos. Nicómaco combina varias en una al decir que es «una pluralidad definida» (*plêthos horisménon*) o un «conjunto de unidades» (*monádōn sýstema*), o un «flujo de cantidad compuesto por unidades» (*posótētos ch ma ek monádōn synkeímenon*). Teón dice que un número es una «colección de unidades», o una progresión (*propodismós*) de cantidad que parte de una unidad y una regresión (*anapodismós*) que acaba en una unidad. Según Jámblico, la descripción como colección de unidades fue aplicada a la cantidad, es decir, al número, por

3. Un número es parte de un número, el menor del mayor, cuando mide al mayor.
4. Pero partes cuando no lo mide[3].
5. Y el mayor es múltiplo del menor cuando es medido por el menor[4].

Tales, que en esto seguía a los egipcios (*katà tò Aigyptiakòn aréskon*). Mientras que Eudoxo el pitagórico fue quien habló del número como «pluralidad definida».

ARISTÓTELES presenta una serie de definiciones que insisten sobre lo mismo: «una pluralidad definida» *plêthos tò peperasménon* (*Metafísica* 1020a13); «pluralidad o combinación de unidades» o «pluralidad de indivisibles» (*ibid*. 1053a30, 1039a12, 1085b22); «varios unos» *héna pleíō* (*Física* III 7, 207b7); «pluralidad que se puede medir por uno» (*Metafísica* 1057a3) y «pluralidad medida» y «pluralidad de medidas» siempre que la medida sea el uno *tò hén* (*ibid*. 1088a5).

Por otra parte, he traducido el término *plêthos* por «pluralidad» pues así se distingue tanto de *arithmós* «número» como de *posón* «cantidad». Otros contextos de los libros de aritmética exigirán, llegado el caso, una versión diferente.

[3] Si por *méros* «parte» en la definición anterior se entiende una parte alícuota o submúltiplo, con el plural *mére* «partes», en esta definición, Euclides alude a un número de partes alícuotas o a lo que nosotros llamaríamos una fracción propia. De modo que, por ejemplo, el número 2 es parte del número 6, pero el número 4 no es parte sino partes de este mismo número 6.

[4] Esta definición viene a formular la relación recíproca de la establecida en la def. 3 (*supra*). El uso de estas nociones aritméticas en los *Elementos* envuelve algunas suposiciones tácitas sobre la relación de medir una cantidad un número de veces. Por ejemplo: si x mide a y e y mide a z, x mide a z; si x mide a y y mide a z, x mide a $y + z$; si x mide a y y mide a z, x medirá a $y - z$ o a $z - y$ (según que $y > z$ o $y < z$). Pero su limitación mayor es no ofrecer una conceptualización o una explicación de la noción involucrada de medida. Una reconstrucción axiomática moderna de la teoría aritmética de los *Elementos* puede verse en N. MALMENDIER, «Eine Axiomatik zum 7. Buch der *Elemente* von Euklid», *Mathematische-Physikalische Semesterberichte* 22 (1975), 240-254. Puede que el primer ensayo en la dirección de completar el marco de

6. Un número par es el que se divide en dos partes iguales.

7. Un número impar es el que no se divide en dos partes iguales, o difiere de un número par en una unidad[5].

---

postulados, definiciones y axiomas de la aritmética clásica haya sido la *Arithmetica* de Jordano de Nemore (s. XIII); *vid.* la reciente edición de H. L. BUSARD, *Jordanus de Nemore. De elementis arithmetice artis*, Stuttgart, 1991, 2 vols.

[5] NICÓMACO, *Introducción a la aritmética* I 7, 2, amplía estas definiciones de par e impar diciendo: «que es par el que puede ser dividido en dos partes iguales sin que caiga una unidad en el medio, y que es impar el que no puede ser dividido en dos partes iguales por la intervención (*mesiteían*) de la susodicha unidad». Añade que esta definición se deriva de una «concepción popular) (*ek tês dēmódous hypolépseōs*). Por contraste (*ib.* 7, 3), ofrece la definición de los pitagóricos: «un número par es el que puede ser dividido mediante una y la misma operación en (partes) mayores y menores, mayores en tamaño (*pelikóteti*) pero menores en cantidad (*posóteti*)..., mientras que un número impar es el que no puede ser tratado de la misma forma sino que es dividido en dos partes desiguales». Según Jámblico, esto quiere decir que un número par se divide en las partes mayores posibles, es decir, en mitades, y en las menores posibles, es decir, en dos, que es el primer «número» o «colección de unidades». Nicómaco recoge luego otra antigua definición a tenor de la cual un número par es el que puede ser dividido en dos partes iguales y en dos partes desiguales (excepto el primero de ellos, que es el 2, que solo puede dividirse en dos partes iguales), pero, se divida como se divida, tiene necesariamente las dos partes de la misma clase, o ambas pares, o ambas impares; mientras que un número impar es el que solo puede dividirse en dos partes desiguales y esas dos partes son siempre de diferente clase, una par y otra impar. Por último, cabe mencionar las definiciones de número par e impar que se hacen referencia mutuamente y, precisamente por ello, se ven tildadas de no científicas por Aristóteles, a saber: «un número impar es el que difiere de un número par en una unidad por ambos lados, y un número par es el que difiere de un número impar en una unidad por cada lado» (cf. *Tópicos* 142b7-10). Sin embargo, el texto de los *Elementos* no duda en recoger una noción del mismo tipo como explicación alternativa, en la definición 7 de número impar.

8. Un número parmente par[6] es el medido por un número par según un número par.

9. Y parmente impar es el medido por un número par según un número impar.

[10. Imparmente par es el medido por un número impar según un número par][7].

11. Un número imparmente impar es el medido por un número impar según un número impar[8].

---

[6] La expresión griega *artiákis*, que aparece tanto en esta definición como en la siguiente, quiere decir «un número par de veces», siendo *artiákis ártios arithmós* «un número un-número-par-de-veces par» y *artiákis perissós* «un (número) un-número-par-de-veces impar». La traducción literal al castellano haría bastante complicado el uso de esta formulación en las proposiciones. Por ello, siguiendo un precedente como el de F. Vera, opto por la versión «parmente par» y «parmente impar». Aunque no sea un consuelo, cabe recordar que ya Nicómaco, entre otros, se había visto en la tesitura de recurrir a la expresión compuesta *artiopérittos* «parimpar» para referirse a este último tipo de números.

[7] Heiberg considera esta definición interpolada por alguien que ha confundido la clasificación de Euclides con otra clasificación más bien pitagórica. Por lo demás, la expresión *perissákis ártios* «un (número) unnúmero-impar-de-veces par» no vuelve a utilizarse más en los *Elementos*, lo cual podría tomarse como síntoma del carácter enteramente superfluo de la definición.

Comúnmente, siguiendo el ejemplo de la traducción latina de Heiberg, se omite esta definición, de modo que la definición VII 10 podría corresponder, en otras ediciones y traducciones, a la que aquí aparece como VII 11.

[8] Las definiciones 8-11 desarrollan una clasificación euclídea que no dejó de ser discutida con posterioridad. Por ejemplo, la definición 8 de Euclides de número «parmente par» es diferente de la propuesta por autores posteriores, como Nicómaco, Teón o Jámblico. Una consecuencia del planteamiento euclídeo es que en la proposición IX 34 nos encontraremos con que un número puede ser a la vez «parmente par» y «parmente impar». De acuerdo con la clasificación más precisa que proponen sus críticos, «parmente par» y «parmente impar» se excluyen mutuamente. El

12. Un número primo es el medido por la sola unidad⁹.
13. Números primos entre sí son los medidos por la sola
unidad como medida común.

---

número «parmente par» es, según esta otra clasificación, el que tiene
pares sus mitades, las mitades de sus mitades y así sucesivamente hasta
llegar a la unidad. Jámblico, en particular, tacha de errónea la definición
de Euclides. No cabe duda, desde luego, de que la definición de Euclides es tal como aparece en el texto, pues, de otro modo, en IX 32, donde
prueba que determinados números son solo parmente pares, esa misma
precisión *mónos* «solo» estaría de más. Recordemos así mismo el caso
de la proposición IX 34 que muestra claramente cuál es el punto de
vista de Euclides.

Por otro lado, las proposiciones IX 33 y 34, también dan motivos
para excluir la definición que Heiberg considera como una interpolación
(*vid.* la nota anterior). De acuerdo con ella, un número parmente impar
podría resultar también imparmente par. De modo que si tanto esta presunta definición 10 como la definición 9 fueran genuinas, las proposiciones IX 33 y IX 34 plantearían serios problemas. Pues en IX 33 podría
darse el caso de que un número no fuera «solo» parmente impar; y la
prueba de IX 34 no dejaría de ser equívoca.

⁹ Nicómaco, Teón y Jámblico añaden a «número primo» *prôtos
arithmós* el término *asýnthetos* «no compuesto». Teón lo define de
manera similar a Euclides como «el medido por ningún número excepto la unidad». Aristóteles dice también que un número primo no es
medido por ningún número (*Analíticos Segundos* II 13, 16a36), pues
la unidad no es un número (*Metafísica* 1088a6), sino solo el principio
del número. Para Nicómaco, los números primos no son una subdivi-
sión de los números en general sino solo de los impares. Dice que un
número primo no admite otra parte (i.e., otro submúltiplo) que la que
tiene su nombre derivado del del propio número (*parónymon heautôi*),
por ejemplo «tres» no admite otra parte que «un tercio». Según esta
teoría, los números primos empiezan por el 3, mientras que para Aristóteles el 2 sería el primer número primo y el único par. El testimonio
aristotélico demuestra que esta divergencia con la doctrina pitagórica
es anterior a Euclides. El número 2 cumple las condiciones de la definición euclídea, lo que sirve a Jámblico de pretexto para criticar a
Euclides una vez más.

14. Número compuesto es el medido por algún número.

15. Números compuestos entre sí son los medidos por algún número como medida común[10].

16. Se dice que un número multiplica a un número cuando el multiplicado se añade (a sí mismo) tantas veces como unidades hay en el otro y resulta un número[11].

A los números primos se aplican en griego también otros nombres diferentes de *prôtos*. Jámblico los llama *euthimetrikoí;* Timaridas, *euthygrammikoí* «rectilíneos»; y una variante del anterior, *grammikoí*, «lineales», es el utilizado por Teón de Esmirna: ambas tienen en cuenta que solo pueden ser representados por una línea.

Según Nicómaco, el término *prôtoi* se debe a que solo se puede llegar a ellos juntando unidades y la unidad es el principio del número.

[10] Teón define los números compuestos entre sí de manera similar a Euclides, y pone como ejemplo el 8 y el 6, que tienen al 2 como medida común, y el 6 y el 9, que cuentan con el 3. La clasificación euclídea de números primos y compuestos entre sí difiere, sin embargo, de las de Nicómaco y Jámblico. Este último considera que todos estos tipos de números son subdivisiones solo de la clase de los números impares, mientras que los números pares se dividen, a su vez, en tres tipos: a) parmente pares; b) parimpares; c) imparpares. Los dos primeros, a y b, son los casos extremos, y los del tipo c son intermedios entre los otros dos tipos. Del mismo modo, la clase de los números impares se divide en tres tipos, de los que el tercero es intermedio entre los otros dos: a) primos y no compuestos: que equivalen a los números primos de Euclides con excepción del 2; b) secundarios y no compuestos: cuyos factores deben ser no solo impares sino primos, por ejemplo 9, 15, 21... c) secundarios y compuestos en sí mismos pero primos en relación con otros. También en este caso los factores deben ser impares y primos. Esta clasificación es objetable por limitar un término tan amplio como «compuesto» a los casos formados por factores primos.

[11] Traduzco *syntethêi* por «se añade (a sí mismo)» para que resulte inteligible en castellano. Se trata de la definición sobradamente conocida de la multiplicación como suma abreviada.

17. Cuando dos números, al multiplicarse entre sí, hacen algún (número), el resultado se llama (número) plano y sus lados son los números que se han multiplicado entre sí[12].

18. Cuando tres números, al multiplicarse entre sí, hacen algún número, el resultado es un (número) sólido y sus lados son los números que se han multiplicado entre sí.

19. Un número cuadrado es el multiplicado por sí mismo o el comprendido por dos números iguales.

20. Y un (número) cubo el multiplicado dos veces por sí mismo o el comprendido por tres números iguales[13].

---

[12] Los términos plano y sólido aplicados a números proceden de la adaptación de su uso con referencia a figuras geométricas. De acuerdo con esto, un número recibe la calificación de lineal cuando es contemplado como si constara de una sola dimensión, la longitud. Cuando se le añade otra dimensión, la anchura, resulta un número plano, cuya forma más común es la que corresponde al rectángulo en Geometría. En la tradición pitagórica no dejaron de abundar estas y otras muestras de números figurados (e.g. los números cuadrados, generados por la adición de un *gnómon* impar, o los números oblongos, generados por la adición de un *gnómon* par).

Por otra parte, el griego utiliza el verbo *poiéō* «hacer» para significar el proceso de la multiplicación y *gígnomai* para el resultado.

[13] Para las definiciones de número cuadrado y número cubo Euclides emplea las curiosas expresiones *isákis ísos* e *isákis ísos isákis* respectivamente, cuya traducción literal es la siguiente: «igual número de veces igual» (Def. 19) e «igual número de veces igual número de veces igual».

Nicómaco distingue un caso especial de número cuadrado que acaba (en la notación adoptada) en el mismo dígito o numeral que su lado, por ejemplo: 1, 25, 36, cuadrados de 1, 5 y 6 respectivamente. A estos números los llama cíclicos (*kyklikoí*) por analogía con los círculos, en geometría, que vuelven al punto donde han empezado. Por la misma

21. Unos números son proporcionales cuando el primero es el mismo múltiplo o la misma parte o las mismas partes del segundo que el tercero del cuarto[14].

22. Números planos y sólidos semejantes son los que tienen los lados proporcionales.

23. Número perfecto[15] es el que es igual a sus propias partes[16].

---

razón a los números cubos que acaban con el mismo dígito que sus lados y los cuadrados de sus lados los llama esféricos.

[14] Euclides no se plantea la noción de proporción en los mismos términos que otros autores anteriores o posteriores que definen la proporción como «igualdad o semejanza de razones». Por otra parte, habla normalmente de números «continuamente proporcionales» en el sentido de «proporcionales en orden, o sucesivamente».

[15] La ley de formación de los números perfectos, dada por la fórmula $2n (2n - 1)$ cuando $2n - 1$ es un número primo, se demuestra más adelante, en IX 36. Teón de Esmirna y Nicómaco añaden otros dos tipos de números: los «superperfectos», *hypertelés* o *hypertéleios*, cuando la suma de sus partes alícuotas (submúltiplos) es mayor que el propio número, por ejemplo la suma de las partes de *12* es *6 + 4 + 3 + 2 + 1 = 16*, y los «defectivos», *ellipés*, cuando la suma de las partes es menor que el propio número, por ejemplo la suma de las partes de *8* es *4 + 2 + 1 = 7*.

[16] Los libros VII-IX cubren lo que podría llamarse «aritmética teórica elemental» griega. La suerte de la aritmética no deja de ser un tanto curiosa en Grecia. Por una parte, no tardó mucho en verse disociada de la «logística» práctica, *i.e.* de las técnicas comunes de cálculo aplicadas a llevar las cuentas y a traficar con objetos materiales, a menesteres de carácter administrativo o mercantil. Al propio Pitágoras se le atribuyó una primera depuración filosófica o «teórica» de la aritmética: «Pitágoras honró la aritmética más que ningún otro. Hizo grandes avances en ella, sacándola de los cálculos prácticos de los comerciantes y tratando todas las cosas como números» (ARISTÓXENO, fr. 23). Esta «liberación», al parecer, no impidió a los pitagóricos mantener antiguos hábitos intuitivos de cálculo, como el de operar con guijarros o marcas (*logídsesthai pséphois*). Pero sí pudo contribuir a cierta idealización de los números y a la consideración de una «logística» teórica, interesada en propiedades

PROPOSICIÓN I

Dados dos números desiguales y restándose sucesiva-
mente el menor del mayor, si el que queda no mide nunca
al anterior hasta que quede una unidad, los números ini-
ciales serán primos entre sí.

---

y relaciones numéricas generales. Y, desde luego, contribuyó a elevar los números y sus relaciones, o «configuraciones», a la dignidad de símbolos iniciáticos o claves de comprensión del universo. Así, en pitagóricos tan notables como Filolao, la aritmética parece inseparable de la numerología. Una numerología que no dejará de tener varia y curiosa fortuna: cobra enjundia metafísica en el s. IV a. C. (con Espeusipo y Jenócrates); mucho más tarde, a partir del neopitagorismo del s. II d. C., retorna a la aritmología simbólica (e.g. en Nicómaco, Teón de Esmirna); luego, de la mano de Jámblico (s. IV), viene a desembocar en la teología. Por otro lado, al margen de los dos caminos principales de la aritmética griega (el de la teoría de los números —en parte recogida y en parte normalizada por los *Elementos* — y el de la simbología numerológica), irán quedando otras sugerencias sobre el desarrollo numérico de la razón y la proporción, innovaciones notacionales como la del *Arenario* de Arquímedes, investigaciones métricas como las de Herón o primicias «algebraicas» como las de Diofanto.

En realidad, la misma aparición de estos libros de aritmética en los *Elementos* de Euclides no deja de ser un tanto curiosa. Desde un punto de vista sistemático, solo podría justificarse por relación a ciertas aplicaciones en el libro X. En todo caso, algunos desarrollos como los de la teoría del par/impar, o los primos relativos o la teoría misma de la proporción numérica, dan la impresión de que Euclides trabaja con un legado autónomo y autosuficiente. Es cierto que, en la tradición, la aritmética y la geometría se consideraban de la misma familia: al decir de Arquitas (según PORFIRIO, *In Ptol. Harm.* I 330, 26-331, 8), parecían «hermanas»; tampoco conviene olvidar el legado pitagórico de los números figurados. Pero, por otra parte, los números y las magnitudes geométricas son, según otra tradición no menos persistente, entidades dispares. No solo por motivos de orden matemático (como el caso de la inconmensurabilidad o la perspectiva de la teoría generalizada de la proporción), sino también, quizás, por motivos filosóficos, e.g. la «pureza»

Pues sean AB, ΓΔ dos números [desiguales] tales que, restándose sucesivamente el menor del mayor, el que quede no mida nunca al anterior hasta que quede una unidad.
Digo que AB, ΓΔ a son primos entre sí, es decir, que la sola unidad mide a AB, ΓΔ.
Pues si AB, ΓΔ no son primos entre sí, algún número los medirá. Mídalos (un número) y sea E; y ΓΔ, al medir a BZ, deje ZA menor que él mismo, y AZ, al medir a ΔH, deje HΓ menor que él mismo, y HΓ, al medir a ZΘ, deje una unidad ΘA.

─────────

mayor de la aritmética con respecto al mundo sensible, la categorización de lo discreto y lo continuo, la índole misma de los números como objetos susceptibles de hallazgo o determinación pero no de conformación o construcción —no hay postulados ni problemas expresos en los libros de aritmética de los *Elementos*—. En suma, la pregunta de por qué aparece aquí el venerable legado de la teoría de los números, puede todavía considerarse abierta.

Otra cuestión añadida es la curiosa circunstancia de que hoy no dispongamos de unos *Elementos de aritmética* dentro de la tradición matemática griega. Sobre la base de la antigüedad de buena parte del material con que trabaja Euclides, hay quienes insisten en la presunta existencia de unos *Elementos* pitagóricos [e.g. B. L. VAN WAERDEN, «Die postulate und Konstruktionen in der frühgriechischen Geometrie», *Archive for History of Exact Sciences* 18 (1978), 343-357; L. ZHMUD, «Pythagoras as a Mathematician», *Historia Mathematica* 16 (1989), 249-268]. No hay datos que corroboren la inferencia. Pasando a otros tiempos muy posteriores —incluso a Euclides—, también se ha sugerido la existencia de unos *Elementos* de Diofanto [J. CHISTIANIDIS, «*Arithmetikè Stoikheiosis*: Un traité perdu de Diophante d'Alexandrie?», *Historia Mathematica* 18 (1991), 239-246]; pero la principal base aducida, un escolio de un bizantino anónimo al *Comentario a la Introducción a la aritmética de Nicómaco*, de Jámblico, no parece demasiado fuerte para sostener esta conjetura. No obstante, sigue en pie la afirmación de Proclo de que «muchos autores han escrito tratados de *Elementos* sobre aritmética y astronomía» (73, 12-14).

Así pues, como E mide a ΓΔ, Y ΓΔ mide también a BZ, entonces E mide también a BZ; pero mide también al total BA; por tanto medirá también al resto AZ. Ahora bien, AZ mide a ΔH; entonces E mide también a ΔH; pero mide así mismo al total ΔΓ; por tanto medirá también al resto ΓH. Pero ΓH mide a ZΘ; y mide así mismo al total ZA; luego medirá también a la unidad restante AΘ, aun siendo un número; lo cual es imposible. Por tanto, ningún número medirá a los números AB, ΓΔ.

Por consiguiente, AB, ΓΔ son primos entre sí [VII, Def. 13]. Q. E. D.

PROPOSICIÓN 2

Dados dos números no primos entre sí, hallar su medida común máxima.

Sean AB, ΓΔ los dos números dados no primos entre sí.

Así pues, hay que hallar la medida común máxima de AB, ΓΔ.

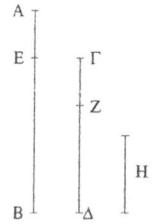

Si en efecto ΓΔ mide a AB, y se mide también a sí mismo, entonces ΓΔ es medida común de ΓΔ, AB. Y está claro que también es la máxima, pues ninguna mayor que ΓΔ medirá a ΓΔ.

Pero si ΓΔ no mide a AB, entonces, restándose sucesivamente el menor de los (números) AB, ΓΔ del mayor, quedará un número que medirá al anterior. Pues no quedará una unidad: porque en otro caso AB, ΓΔ serán primos entre sí [VII, 1], que es precisamente lo que se ha supuesto que no. Así pues, quedará un número que medirá al anterior. Ahora

bien, ΓΔ, al medir a BE, deje EA menor que él mismo, y
EA, al medir a ΔZ, deje ZΓ menor que él mismo, y mida
ΓZ a AE. Así pues, como ΓZ mide a AE, y AE mide a ΔZ,
entonces ΓZ medirá también a ΔZ; pero se mide también
a sí mismo; entonces medirá también al total ΓΔ. Pero ΓΔ
mide a BE; luego ΓZ mide a BE; y mide también a EA;
por tanto medirá también al total BA; pero mide también a
ΓΔ; entonces ΓZ mide a AB, ΓΔ. Por tanto, ΓZ es medida
común de AB, ΓΔ.

Digo ahora que también es la máxima. Pues, si ΓZ no
es la medida común máxima de AB, ΓΔ, un número que
sea mayor que ΓZ medirá a los números AB, ΓΔ. Mídalos
(un número) y sea H. Y como H mide a ΓΔ y ΓΔ mide a
BE, entonces H mide también a BE; pero también mide al
total BA; entonces medirá también al resto AE. Pero AE
mide a ΔZ; por tanto, H medirá a ΔZ y mide también al
total ΔΓ; luego medirá también al resto ΓZ, esto es: el
mayor al menor, lo cual es imposible; así pues, no medirá
a los números AB, ΓΔ un número que sea mayor que ΓZ.

Por consiguiente, ΓZ es la medida común máxima de
AB, ΓΔ.

Porisma:

A partir de esto queda claro que, si un número mide a
dos números, medirá también a su medida común máxima. Q. E. D.[17].

---

[17] Si la proposición anterior puede considerarse como un «test» de
la propiedad de ser primos relativos, ahora Euclides ofrece un método
no menos eficaz para hallar la medida común máxima de dos números
por el mismo método de sustracción recíproca sucesiva (*anthyphaireîn*).
Puede que este método proceda de la determinación de razones entre
dos secciones del monocordio —como sugiere A. Szabó—. Desde luego, la noción de *anthyphaíresis* parece relacionada con un concepto de
razón numérica anterior a Euclides. (Más adelante, en X 2, 3, se encon-

PROPOSICIÓN 3

Dados tres números no primos entre sí, hallar su medida común máxima.

Sean A, B, Γ los tres números dados no primos entre sí. Así pues, hay que hallar la medida común máxima de A, B, Γ.

Tómese pues la medida común máxima, Δ, de los dos (números) A, B [VII, 2]; entonces Δ o mide o no mide a Γ. En primer lugar mídalo; pero mide también a A, B; entonces a mide a A, B, Γ. Luego Δ es una medida común de A, B, Γ.

Digo ahora que también es la máxima. Pues si Δ no es la medida común máxima de A, B, Γ, un número que sea mayor que Δ medirá a los números A, B, Γ. Mídalos y sea E. Así pues, como E mide a A, B, Γ, entonces medirá también a A, B, luego medirá también a la medida común máxima de A, B [VII, 2, Por.]. Pero la medida común máxima de AB es Δ; entonces E mide a Δ, el mayor al menor; lo cual es imposible. Por tanto no medirá a los números A, B, Γ un número que sea mayor que Δ; entonces Δ es la medida común máxima de A, B, Γ.

─────────

trará una nueva aplicación en un marco más general.) Por otro lado, la versión modernizada de este procedimiento en términos no ya de sustracción sino de división, y de su resultado como obtención del «máximo común divisor», puede prestarse a equívocos, e.g. al aproximar la aritmética euclídea a la moderna aritmética de fracciones. Mayor confusión sería una mezcla de todo ello tan curiosa como la acepción del uso «matemático» de *anthyphairéo* (referido a X 2, 3) en los términos: «sustraer alternativamente dos magnitudes para hallar el máximo denominador común» —en el *Diccionario Griego-Español* II, Madrid, C.S.I.C., 1986, pág. 309.

Ahora no mida Δ a Γ.

Digo, en primer lugar, que Γ, Δ no son primos entre sí.
Pues, como A, B, Γ no son primos entre sí, algún número
los medirá. Entonces el que mida a A, B, Γ, medirá también a A, B; y medirá también a Δ la medida común máxima de A, B [VII, 2, Por.]; pero mide también a Γ; entonces
un número medirá a Δ, Γ; luego Δ, Γ no son primos entre
sí. Tómese, pues, su medida común máxima, E [VII, 2].
Y como E mide a Δ, mientras que Δ mide a A, B, entonces E
también mide a A, B; pero mide también a Γ; luego E mide
a A, B, Γ; por tanto, E es una medida común de A, B, Γ.

Digo ahora que también es la máxima. Pues, si E no es
la medida común máxima de A, B, Γ, un número que sea
mayor que E medirá a los números A, B, Γ. Mídalos y sea Z.
Ahora bien, como Z mide a A, B, Γ, también mide a A, B;
entonces también medirá a la medida común máxima de
A, B [VII, 2, Por.]. Pero Δ es la medida común máxima
de A, B; entonces Z mide a Δ; y mide también a Γ; luego
z mide a Δ, Γ; por tanto medirá también a la medida común máxima de Δ, Γ [VII, 2, Por.]. Pero E es la medida
común máxima de Δ, Δ; entonces Z mide a E, el mayor al
menor, lo cual es imposible; por tanto, no medirá a los
números A, B, Γ un número que sea mayor que E.

Por consiguiente, E es la medida común máxima de A,
B, Γ. Q. E. D.[18].

---

[18] Herón señala que este método nos permite hallar la medida común máxima de tantos números como queramos y no solo de tres, porque cualquier número que mida a dos números medirá también a su
medida común máxima. Así que se trata de ir hallando sucesivamente
la medida común máxima de pares de números, hasta que queden solo
dos números de los que se hallará la medida común máxima. Euclides
asume tácitamente esta extensión en VII 33 donde se toma la medida
común máxima de tantos números como se quiera.

PROPOSICIÓN 4

Todo número es parte o partes de todo número, el menor del mayor.

Sean dos números A, BΓ, y sea el menor BΓ.

Digo que BΓ es parte o partes de A.

Pues A, BΓ o son primos entre sí o no lo son.

En primer lugar sean primos entre sí. Entonces, si se divide BΓ en las unidades que hay en él, cada unidad de las que hay en BΓ será alguna parte de A; de modo que BΓ es partes de A.

Ahora no sean A, BΓ primos entre sí; entonces BΓ o mide a A o no (lo mide). Si en efecto BΓ mide a A, BΓ es parte de A. Pero, si no, tómese la medida común máxima, Δ, de A, BΓ [VII, 2] y divídase BΓ en los (números) BE, EZ, ZΓ iguales a Δ. Ahora bien, como Δ mide a A, Δ es parte de A; pero Δ es igual a cada uno de los (números) BE, EZ, ZΓ; luego cada uno de los (números) BE, EZ, ZΓ es también parte de A. De modo que BΓ es parte de A.

Por consiguiente, todo número es parte o partes de todo número, el menor del mayor. Q. E. D.[19].

Estas proposiciones iniciales 1-3 del libro VII presentan el llamado «algoritmo» euclídeo para la determinación de números primos y la obtención de la medida común máxima entre dos o más números no primos entre sí. Esa denominación no es inadecuada en la medida en que, ciertamente, representan un procedimiento de cálculo efectivo, i.e. una rutina metódica capaz de conducirnos en una serie finita de pasos a un resultado preciso.

[19] En términos modernos se podría resumir como sigue:

Dados dos números A y B, en primer lugar se halla su máximo co-

PROPOSICIÓN 5

Si un número es parte de un número, y otro es la misma parte de otro, la suma será también la misma parte de la suma que el uno del otro.

Pues sea el número A parte del número BΓ, y otro (número) Δ la misma parte de otro (número) EZ que A de BΓ.

Digo que la suma de A, Δ es la misma parte de la suma de BΓ, EZ que A de BΓ.

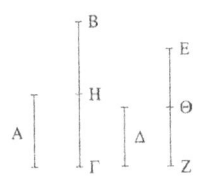

Pues como la parte que es A de BΓ, la misma parte es Δ de EZ, entonces, cuantos números hay en BΓ iguales a A, tantos números hay en EZ iguales a Δ. Divídase BΓ en BH, HΓ iguales a A, y EZ en EΘ, ΘZ iguales a Δ. Entonces la cantidad de los (números) BH, HΓ será igual a la cantidad de los (números) EΘ, ΘZ. Y como BH es igual a A y EΘ es igual a Δ, entonces BH, EΘ son iguales a A, Δ. Por lo mismo, HΓ, ΘZ son también iguales a A, Δ. Por tanto, cuantos números hay en BΓ iguales a A, tantos hay en BΓ, EZ iguales a A, Δ. Luego, cuantas veces BΓ es múltiplo de A, tantas veces lo es también la suma de BΓ, EZ de la suma de A, Δ.

Por consiguiente, la parte que A es de BΓ, la misma parte es también la suma de A, Δ de la suma de BΓ, EZ. Q. E. D.[20].

_____

mún divisor, C. Si C es contenido *x* veces en A e *y* veces en B, *x* e *y* precisarán la razón de A a B. De esta forma, la razón de *10* a *15*, por ejemplo, será *2/3*.

[20] En términos modernos se podría resumir:
Dados cuatro números A, B, C, D.
Si $A = (1/n)$ B y $C = (1/n)$ D, entonces $A + C = (1/n)(B + D)$.
Esta proposición puede relacionarse con V 1, donde las demostra-

PROPOSICIÓN 6

Si un número es partes de un número y otro (número) es las mismas partes de otro (número), la suma será también las mismas partes de la suma que el uno del otro.

Pues sea el número AB partes del número Γ, y otro (número) ΔE las mismas partes de otro (número), Z, que AB de Γ.

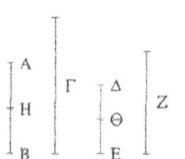

Digo que la suma de AB, ΔE es también las mismas partes de la suma Γ, Z que AB de Γ.

Pues como las partes que AB es de Γ, las mismas partes es también ΔE de Z, entonces, cuantas partes de Γ hay en AB, tantas partes de Z hay también en ΔE. Divídase AB en las partes AH, HB de Γ, y ΔE en las partes ΔΘ, ΘE de Z; entonces la cantidad de los (números) AH, HB será igual a la cantidad de los (números) ΔΘ, ΘE. Y como la parte que AH es de Γ, la misma parte es también ΔΘ de Z, entonces la parte que es AH de Γ, la misma parte es también la suma de AH, ΔΘ de la suma de Γ, Z [VII 5]. Por lo mismo, la parte que es HB de Γ, la misma parte es también la suma de HB, ΘE de la suma de Γ, Z.

Por consiguiente, las partes que es AB de Γ, las mismas partes es también la suma de AB, ΔE de la suma de Γ, Z. Q. E. D.[21].

---

ciones son bastante similares, pero en V 1, se habla de «múltiplo», mientras que en VII 5, se trata de «parte» o submúltiplo.

[21] Si $A = (m/n) B$, $C = (m/n) D$, entonces: $A + C = (m/n) (B + D)$.

PROPOSICIÓN 7

Si un número es la misma parte de un número que un (número) restado de (un número) restado, el resto será la misma parte del resto que el total del total.

Pues sea el número AB la misma parte del número ΓΔ que el número (restado) AE del (número) restado ΓZ.

Digo que el resto, EB, es también la misma parte del resto, ZΔ, que el total AB del total ΓΔ.

Pues la parte que AE es de ΓZ, la misma parte sea también EB de ΓH. Y como la parte que AE es de ΓZ, la misma parte es también EB de ΓH, entonces la parte que AE es de ΓZ, la misma parte es también AB de HZ [VII, 5]. Pero la parte que AE es de ΓZ, la misma parte se ha supuesto que es AB de ΓΔ; entonces la parte que es AB de HZ, es también la misma parte de ΓΔ, luego HZ es igual a ΓΔ. Quítese de ambos ΓZ; entonces el resto HZ es igual al resto ZΔ. Y como la parte que AE es de ΓZ, la misma parte es también EB de HΓ, y HΓ es igual a ZΔ, entonces la parte que AE es de ΓZ, la misma parte es EB de ZΔ. Ahora bien, la parte que AE es de ΓZ, la misma parte es también AB de ΓΔ.

Por consiguiente, el resto EB es la misma parte del resto ZΔ que el total, AB, del total, ΓΔ. Q. E. D.[22].

---

[22] Si A = (1/n) B; C = (1/n) D, entonces: A − C = (1/n) (B − D).

PROPOSICIÓN 8

Si un número es las mismas partes de un número que un (número) restado de un (número) restado, el resto será las mismas partes del resto que el total del total.

Pues sea el número ab las mismas partes del número ΓΔ que el (número) restado AE del (número) restado ΓZ.

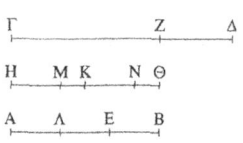

Digo que el resto EB es las mismas partes del resto ZΔ que el total AB del total ΓΔ.

Hágase HΘ igual a AB. Entonces las partes que HΘ es de ΓΔ, las mismas partes es también AE de ΓZ. Divídase HΘ en las partes HK, KΘ de ΓΔ y AE en las partes AΛ, ΛE de ΓZ; entonces la cantidad de los números HK, KΘ será igual a la cantidad de los (números) AΛ, AE. Y como la parte que HK es de ΓΔ, la misma parte es también AΛ de ΓZ, y ΓΔ es mayor que ΓZ, entonces HK es también mayor que AΛ. Hágase HM igual a AΛ. Entonces la parte que HK es de ΓΔ, la misma parte es también HM de ΓZ; por tanto, el resto MK es la misma parte del resto ZΔ que el total HK del total ΓΔ [VII, 7].

Como la parte que KΘ es de ΓΔ, la misma parte es, a su vez, EΛ de ΓZ, y ΓΔ es mayor que ΓZ, entonces ΘK es mayor que EΛ. Hágase KN igual a EΛ. Entonces la parte que KΘ es de ΓΔ, la misma parte es KN de ΓZ. Por tanto, el resto NΘ es la misma parte del resto ZΔ que el total KΘ del total ΓΔ [VII 7]. Pero se ha demostrado que el resto MK es la misma parte del resto ZΔ que el total HK del total ΓΔ; así pues, la suma de MK, NΘ es también las mismas partes de ΔZ que el total ΘH del total ΓΔ. Pero la suma de MK, NΘ es igual a EB, y ΘH a BA.

Por consiguiente, el resto EB es las mismas partes del resto ZΔ que el total AB del total ΓΔ. Q. E. D.

PROPOSICIÓN 9

Si un número es parte de un número y otro (número) es la misma parte de otro, también, por alternancia, la parte o partes que el primero es del tercero, la misma parte o partes será el segundo del cuarto.

Pues sea el número A parte del número BΓ, y otro (número) Δ la misma parte de otro EZ que A de BΓ.

Digo que también, por alternancia, la parte o partes que A es de Δ, la misma parte o partes es también BΓ de EZ.

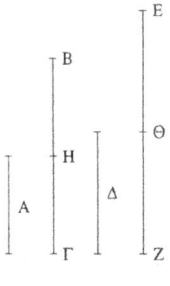

Pues como A es parte de BΓ y Δ es la misma parte de EZ, entonces, cuantos números iguales a A hay en BΓ, tantos hay también en EZ iguales a Δ. Divídase BΓ en los (números) BH, HΓ iguales a A, y EZ en los (números) EΘ, ΘZ iguales a Δ; entonces, la cantidad de los (números) BH, HΓ será igual a la cantidad de los (números) EΘ, ΘZ.

Ahora bien, puesto que los números BH, HΓ son iguales entre sí, y los números EΘ, ΘZ son también iguales entre sí, mientras que la cantidad de los (números) BH, HΓ es igual a la cantidad de los (números) EΘ, ΘZ entonces la parte o partes que BH es de EΘ, la misma parte o las mismas partes es también HΓ de EΘ; de modo que también la parte o partes que BH es de EΘ, la misma parte o las mismas partes es la suma de ambos, BΓ, de la suma de ambos, EZ. Pero BH es igual a A y EΘ a Δ.

Por consiguiente, la parte o partes que A es de Δ, la misma parte o las mismas partes es BΓ de EZ. Q. E. D.[23].

Si un número es partes de un número y otro (número) es las mismas partes de otro, también, por alternancia, las partes o parte que el primero es del tercero, las mismas partes o la misma parte será también el segundo del cuarto.

Pues sea el número AB partes del número Γ, y otro (número) ΔE las mismas partes de otro Z.

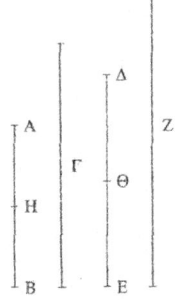

Digo que también, por alternancia, las partes o parte que AB es de ΔE, las mismas partes o la misma parte es también Γ de Z.

Pues como las partes que AB es de Γ, las mismas partes es ΔE de Z, entonces, cuantas partes de Γ hay en AB, tantas partes (habrá) también en ΔE de Z. Divídase AB en las partes de Γ, a saber: AH, HB, y ΔE en las partes de Z, a saber: AΘ, ΘE; entonces la cantidad de los (números) AH, HB será igual a la cantidad de los (números) AΘ, ΘE. Ahora bien, puesto que la parte que AH es de Γ, la misma parte es también AΘ de Z, también, por alternancia, la parte o partes que AH es de AΘ, la misma parte o las mismas partes es también Γ de Z [VII, 9]. Por lo mismo entonces, la parte o partes que HB es de ΘE, la misma parte o las mismas partes es también Γ de Z; de modo que asimismo [la parte o partes que AH

----

[23] Si *A = 1 / B, C = (1 /n) D, A = (m/n) C*, entonces: *B = (m/n) D*.

es de ΔΘ, la misma parte o las mismas partes es también
HB de ΘE; por tanto la parte o partes que AH es de ΔΘ,
la misma parte o las mismas partes es también AB de AE;
pero se ha demostrado que la parte o partes que AH es de
ΔΘ, la misma parte o las mismas partes es Γ de Z, y en-
tonces] las partes o parte que es AB de ΔE, las mismas
partes o parte es también Γ de Z [VII, 5, 6], Q. E. D.[24].

Si como un todo es a un todo, así es un número restado
a un (número) restado, también el resto será al resto como
el todo al todo.

Como el todo AB es al todo ΓΔ, sea así el (número)
restado AE al (número) restado ΓZ.

Digo que también el resto EB es al resto ZΔ como el
todo AB es al todo ΓΔ.

Puesto que, como AB es a ΓΔ, así AE a ΓZ, entonces la
parte o partes que AB es de ΓΔ, la misma parte o las mismas partes es AE de ΓZ [VII, Def. 21]. Luego el resto EB es
la misma parte o partes de ZΔ que AB de ΓΔ [VII, 7, 8].

A ├————————┼————————————┤ B
       E

Γ ├————┼————————┤ Δ
   Z

Por consiguiente, como EB es a ZΔ, así AB a ΓΔ [VII,
Def. 21]. Q. E. D.[25].

---

[24] Heiberg, sobre la base del ms. P, concluye que el texto entre cor-
chetes es una interpolación atribuible a Teón por figurar en el margen en
este importante manuscrito y aparecer escrito por una mano posterior.

[25] Euclides asume en las proposiciones 11-13 que el primer número
es menor que el segundo o que el segundo y el tercero. Las figuras de

PROPOSICIÓN 12

Si unos números, tantos como se quiera, fueren proporcionales, como uno de los antecedentes es a uno de los consecuentes, así todos los antecedentes serán a todos los consecuentes.

Sean A, B, Γ, Δ tantos números como se quiera en proporción, (es decir que) como A es a B, así Γ es a Δ.

Digo que como A es a B, así A, Γ a B, Δ.

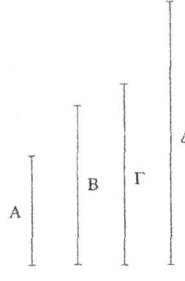

Pues, dado que, como A es a B, así Γ a Δ, entonces, la parte o partes que A es de B, la misma parte o partes es también Γ de Δ [VII, Def. 21]. Luego la suma de ambos A, Γ es la misma parte o las mismas partes de la suma de ambos B, Δ que A de B [VII, 5, 6].

Por consiguiente, como A es a B, así A, Γ a B, Δ [VII, Def. 21], Q. E. D.[26].

---

estas proposiciones son inconsistentes con esta suposición. Si los hechos concuerdan con las figuras hay que tener en cuenta otras posibilidades que se encuentran en la definición 21 de este libro, a saber: que el primer número puede ser también un múltiplo más una parte o partes de cada número con el que se compara. Así pues, habría que tomar en consideración diferentes casos.

Por lo demás, esta proposición se corresponde con V 19, que se aplica a magnitudes. El enunciado es prácticamente el mismo cambiando *mégethos* «magnitud» por *arithmós* «número». La prueba es una combinación de VII, Def. 21, y los resultados de VII 7-8, y el lenguaje de las proporciones se adapta al de los números y fracciones mediante la definición 21 del libro VII.

[26] Esta proposición se corresponde con V 12, y, como en el caso de la anterior, el enunciado es prácticamente el mismo sustituyendo «magnitud» por «número». La prueba combina, a su vez, la definición VII 21, y los resultados de VII 5-6, que se declaran verdaderos para cual-

PROPOSICIÓN 13

Si cuatro números son proporcionales, también por al-
ternancia serán proporcionales.

Sean A, B, Γ, Δ cuatro números proporcionales (es decir, que) como A es a B, así Γ a Δ.

Digo que también por alternancia, serán proporcionales (es decir, que) como A es a Γ, así B a Δ.

Puesto que, como A es a B, así Γ a Δ,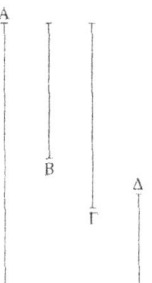
entonces la parte o partes que A es de B, la
misma parte o las mismas partes es también Γ de Δ [VII, Def. 21]. Luego, por alternancia, la parte o partes que A es de Γ, la
misma parte o las mismas partes es también B de Δ [VII, 10].

Por consiguiente, como A es a Γ, así B
a Δ [VII, Def. 21]. Q. E. D.[27]

PROPOSICIÓN 14

Si hay unos números, tantos como se quiera, y otros
iguales a ellos en cantidad que, tomados de dos en dos,
guardan la misma razón, también, por igualdad, guarda-
rán la misma razón.

Sean A, B, Γ tantos números como se quiera y Δ, E, Z
otros iguales a ellos en cantidad que, tomados de dos en

---

quier cantidad de números y no solo para dos como en los enunciados
de VII 5-6.

[27] Si *a*: *b*:: *c*: *d*, entonces, por alternancia: *a*: *c*:: *b*: *d*.

La proposición se corresponde con V 16, y la prueba conecta VII,
Def. 21, con el resultado de VII 10.

dos, guardan la misma razón, (es decir que) como A es a
B, así Δ a E, y como B es a Γ, así E a Z.

Digo que también, por igualdad, como A es a Γ, así Δ a Z.

Puesto que, como A es a B, así Δ a E, entonces, por alternancia, como A es a Δ, así B a E [VII, 13]. Así mismo,
dado que como Besar, así E a Z, entonces, por alternancia,
como B es a E, así Γ a Z [VII, 13]. Pero, como B es a E, así
A a A; por tanto, como A es a Δ, así también raz; luego, por
alternancia, como A es a Γ, así Δ a Z [VII, 13]. Q. E. D.[28].

PROPOSICIÓN 15

*Si una unidad mide a un número cualquiera, y un se-
gundo número mide el mismo número de veces a otro número cualquiera, por alternancia, la unidad medirá también al tercer número el mismo número de veces que el
segundo al cuarto.*

Pues mida la unidad A a un número cualquiera BΓ, y
mida un segundo número, Δ, a otro número cualquiera EZ
el mismo número de veces.

---

[28] Si $a: b:: d: e$ y $b: c:: e: f$ entonces, por igualdad; $a: c:: d: f$.

Y lo mismo es verdad sin que importe cuántos sean los sucesivos
números relacionados. Este método no puede usarse para la proposición
correspondiente de magnitudes (V 22); porque solo probaría V 22 para
seis magnitudes homogéneas, y las magnitudes de V 22 no están sujetas
a dicha limitación.

Digo que, por alternancia, la unidad A mide también al número Δ el mismo número de veces que BΓ a EZ.

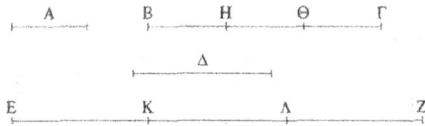

Pues como la unidad A mide al número BΓ el mismo número de veces que Δ a EZ, entonces, cuantas unidades hay en BΓ, tantos números hay en EZ iguales a Δ. Divídase BΓ en sus unidades BH, HΘ, ΘΓ, y EZ en los (números) EK, KΛ, ΛZ iguales a Δ. Entonces la cantidad de las (unidades) BH, HΘ, ΘΓ será igual a la cantidad de los (números) EK, KΛ, ΛZ.

Ahora bien, puesto que las unidades BH, HΘ, ΘΓ son iguales entre sí, y los números EK, KΛ, ΛZ son también iguales entre sí, mientras que la cantidad de las unidades BH, HΘ, ΘΓ, es igual a la cantidad de los números EK, KΛ, ΛZ, entonces, como la unidad BH es al número EK, así la unidad HΘ será al número KΛ y la unidad ΘΓ al número ΛZ. Así pues, como uno de los antecedentes es a uno de los consecuentes, así serán todos los antecedentes a todos los consecuentes [VII, 12]; por tanto, como la unidad BH es al número EK, así BΓ es a EZ. Pero la unidad BH es igual a la unidad A, y el número EK es igual al número Δ. Luego, como la unidad A es al número Δ, así BΛ es a EZ.

Por consiguiente, la unidad A mide al número Δ el mismo número de veces que BΓ a EZ. Q. E. D.[29].

---

[29] Esta proposición puede considerarse un caso particular de VII 9.

PROPOSICIÓN 16

Si dos números, al multiplicarse entre sí, hacen ciertos (números), los (números) resultantes serán iguales entre sí[30].

Sean A, B los dos números, y A, al multiplicar a B, haga el (número) Γ, y B, al multiplicar a A, haga el (número) Δ.

Digo que Γ es igual a A.

Dado que A, al multiplicar a B ha hecho el (número) Γ, entonces B mide a Γ según las unidades de A. Pero la uni-

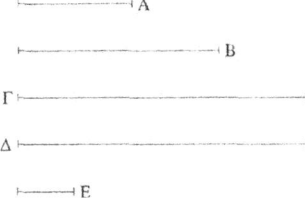

dad E mide también al número A según sus unidades; entonces la unidad E mide al número A el mismo número de veces que B a Γ. Entonces, por alternancia, la unidad E mide al número B el mismo número de veces que A a Γ [VII, 15]. Puesto que B, al multiplicar a A, ha hecho a su vez el (número) Δ, entonces A mide a Δ según las unidades de B. Pero la unidad E mide también a B según sus unidades; entonces la unidad E mide al número B el mismo número de veces que A a Δ. Pero la unidad E medía al

---

[30] *Hoi genómenoi ex autôn* «los números resultantes a partir de ellos». Esta expresión es la utilizada normalmente para el resultado de multiplicaciones. En este caso las palabras *ex autôn* resultan ambiguas, se refieren a los números inicialmente dados. Creo que suprimirlas es la mejor manera de deshacer la ambigüedad.

Por otra parte, la proposición prueba que el orden de factores no altera el producto.

número B el mismo número de veces que A a Γ; por tanto,
A mide el mismo número de veces a cada uno de los (números) Γ, Δ.

Por consiguiente, Γ es igual a Δ. Q. E. D.

*Si un número, al multiplicar a dos números, hace cier-
tos (números), los (números) resultantes guardarán la misma razón que los multiplicados.*

Pues haga el número A, al multiplicar a los números B,
Γ, los (números) Δ, E.

Digo que como B es a Γ, así Δ a E.

Pues dado que A, al multiplicar a B, ha hecho el (número) Δ, entonces B mide a Δ según las unidades de A.
Pero la unidad Z también mide al número A según sus
unidades; entonces la unidad Z mide a A el mismo número
de veces que B a Δ. Por tanto, como la unidad Z es al número A, así B es a Δ [VII, Def. 21]. Por lo mismo, como
la unidad Z es al número A, así también Γ a E; luego,
como B es a A, así Γ es a E.

Por consiguiente, por alternancia, como B es a Γ, así Δ
a E [VII, 13]. Q. E. D.

PROPOSICIÓN 18

Si dos números, al multiplicar a un número cualquiera,
hacen ciertos (números), los resultantes guardarán la mis-
ma razón que los multiplicados.

Pues hagan los dos números A, B, al multiplicar a un
número cualquiera, Γ, los (números) Δ, E.
Digo que, como A es a B, así Δ a E.

Pues, dado que A, al multiplicar a Γ, ha hecho el (número)
Δ, entonces Γ, al multiplicar a A, también ha hecho el nú-
mero Δ [VII, 16]. Por lo mismo, también Γ, al multiplicar a
B, ha hecho el número E. Entonces el número Γ, al multipli-
car a los dos números A, B, ha hecho los (números) Δ, E.
   Por consiguiente, como A es a B, así Δ a E [VII, 17].
Q. E. D.

PROPOSICIÓN 19

Si cuatro números son proporcionales, el producto[31]
del primero y el cuarto será igual al del segundo y el ter-
cero; y si el producto del primero y el cuarto es igual al
producto del segundo y el tercero, los cuatro números se-
rán proporcionales.

---

   [31] A partir de aquí traduzco por «producto» la expresión griega utilizada comúnmente para el resultado de la multiplicación *ho genómenos*
ek...: «el (número) resultante (o producido) a partir de».

Sean A, B, Γ, Δ cuatro números proporcionales (tales que) como A es a B, así Γ a Δ; y A, al multiplicar a Δ, haga el (número) E, y B, al multiplicar a Γ, haga el (número) Z. Digo que E es igual a Z.

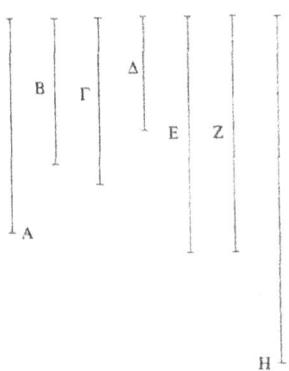

Pues A, al multiplicar a Γ, haga el (número) H.

Así pues, dado que A, al multiplicar a Γ, ha hecho el (número) H, Y, al multiplicar a Δ, ha hecho el (número) E, entonces, el número A, al multiplicar a los dos números Γ, Δ, ha hecho los (números) H, E. Luego, como Γ es a Δ, así H es a E [VII, 17]. Pero como Γ es a Δ, así A es a B; entonces, como A es a B, así también H es a E. Puesto que Δ, al multiplicar a Γ, ha hecho a su vez el (número) H, mientras que B, al multiplicar a Γ, ha hecho el (número) Z; entonces, los dos números A, B, al multiplicar a cierto número, Γ, han hecho los (números) H, Z.

Por tanto, como A es a B, así H a Z [VII, 18]. Pero, como A es a B, así H a E; entonces, como H es a E, así también H a Z. Por tanto, H guarda la misma razón con cada uno de los (números) E, Z. Luego E es igual a Z [V, 9].

Sea E ahora igual a Z.

Digo que, como A es a B, así Γ a Δ.

Pues, siguiendo la misma construcción, dado que E es igual a Z, entonces, como H es a E, así H a Z [V, 7]. Pero como H es a E, así Γ a A [VII, 17], mientras que, como H es a Z, así A a B [VII, 18].

Por consiguiente, como A es a B, así también Γ a Δ. Q. E. D.[32].

PROPOSICIÓN 20

Los números menores de aquellos que guardan la misma razón que ellos miden a los que guardan la misma razón el mismo número de veces, el mayor al mayor y el menor al menor.

Pues sean ΓΔ, EZ los números menores de aquellos que guardan la misma razón que A, B.

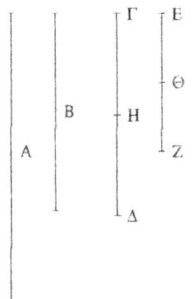

Digo que ΓΔ mide a A el mismo número de veces que EZ a B.

Porque ΓΔ no es partes de A, pues, si fuera posible, sea así; entonces EZ es las mismas partes de B que ΓΔ de A [VII, 13 y Def. 21]. Luego, cuantas partes hay en ΓΔ de A, tantas partes hay en EZ de B. Divídase ΓΔ en las partes ΓH, HΔ de A, y EZ en las par-

[32] Heiberg relega al apéndice una proposición que aparece en los mss. V, p, en el sentido de que, si tres números son proporcionales, el producto de los extremos es igual al cuadrado del medio, y viceversa. No aparece en la primera mano de P; B la tiene en el margen y Campano la omite. Al-Nayrīzī cita la proposición sobre tres números proporcionales como una observación a VII 19 debida probablemente a Herón.

tes EΘ, ΘZ de B; entonces la cantidad de los (números) ΓH, HΔ será igual a la cantidad de los (números) EΘ, ΘZ. Ahora bien, puesto que los números ΓH, HΔ son iguales entre sí y los números EΘ, ΘZ son también iguales entre sí, mientras que la cantidad de los (números) ΓH, HΔ es igual a la cantidad se los (números) EΘ, ΘZ, entonces, como ΓH es a EΘ, así HΔ a ΘZ. Por tanto, como uno de los antecedentes es a uno de los consecuentes, así todos los antecedentes serán a todos los consecuentes [VII, 12]. Luego, como ΓH es a EΘ, así ΓΔ a EZ; por tanto, ΓH, EΘ guardan la misma razón que ΓΔ, EZ, siendo menores que ellos; lo cual es imposible: porque se ha supuesto que ΓH, EZ son los menores de los que guardan la misma razón que ellos. Luego ΓH no es partes de A; entonces es parte (de A) [VII, 4]. Y EZ es la misma parte de B que ΓΔ de A [VII, 13 y Def. 21].

Por consiguiente, ΓΔ mide a A el mismo número de veces que EZ a B. Q. E. D.[33]

PROPOSICIÓN 21

Los números primos entre sí son los menores de aque-llos que guardan la misma razón que ellos.

Sean A, B números primos entre sí.

Digo que A, B son los menores de aquellos que guar-dan la misma razón que ellos.

_____

[33] Aquí Heiberg omite una proposición que sin duda es una interpo-lación de Teón (B, V, p la tienen como VII 22, pero P la presenta en el margen y en la última mano; Campano la omite también). Prueba, para números, la proporción perturbada:

Si $a : b :: e : f$ y $b : c :: d : e$, entonces $a : c :: d : f$.

Pues, si no, habrá algunos números menores que A, B que guarden la misma razón que A, B. Sean Γ, Δ.

Así pues, como los números menores de los que guardan la misma razón miden a los que guardan la misma razón el mismo número de veces, el mayor al mayor y el menor al menor, es decir, el antecedente al antecedente y el consecuente al consecuente [VII, 20], entonces Γ mide a A el mismo número de veces que Δ a B.

Pues cuantas veces Γ mide a Δ, tantas unidades habrá en E. Por tanto, Δ mide a B según las unidades de E. Pero, puesto que Γ mide a A según las unidades de E, entonces E mide a A según las unidades de Γ [VII, 16]. Luego, por lo mismo, E mide también a B según las unidades de Δ [VII, 16]. Entonces E mide a A, B que son primos entre sí. Lo cual es imposible [VII, Def. 13]. Luego no habrá algunos números menores que A, B que guarden la misma razón con A, B. Por consiguiente, A, B son los menores de aquellos que guardan la misma razón que ellos. Q. E. D.

PROPOSICIÓN 22

Los números menores de aquellos que guardan la misma razón que ellos son primos entre sí.

Sean A, B los números menores de aquellos que guardan la misma razón que ellos.

Digo que A, B son primos entre sí.

Pues, si no son primos entre sí, algún número los medirá. Mídalos (un número) y sea Γ. Y, cuantas veces mide Γ

a A, tantas unidades haya en Δ, y,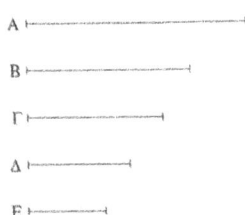
cuantas veces Γ mide a B, tantas
unidades haya en E.

Puesto que Γ mide a A según
las unidades de Δ, entonces Γ, al
multiplicar a Δ, ha hecho el (número) A [VII, Def. 16]. Por lo
mismo, también Γ, al multiplicar a
E, ha hecho el (número) B. Así pues, el número Γ, al multiplicar a los dos números Δ, E ha hecho los (números) A,
B; por tanto, como Δ es a E, así A a B [VII, 17]; entonces
Δ, E guardan la misma razón que A, B, siendo menores
que ellos, lo cual es imposible. Luego ningún número medirá a los números A, B.

Por consiguiente, A, B son primos entre sí. Q. E. D.[34].

PROPOSICIÓN 23

*Si dos números son primos entre sí, el número que
mide a uno de ellos será primo respecto al restante.*

Sean A, B dos números primos entre sí, y mida a A un
número cualquiera Γ.

Digo que también Γ, B son primos entre sí.

Pues si Γ, B no son primos entre sí, algún número me-

---

[34] BEPPO LEVI, *Leyendo a Euclides*, Rosario, 1947, pág. 208, dice
que los enunciados de 20, 21 y 22, suponen implícitamente por lo menos
uno de los siguientes hechos: existe un par de números mínimos entre
los que guardan una misma razón; existe un par de números primos entre sí entre los pares que guardan la misma razón. Pues, aunque se admite como evidente la existencia de un mínimo en todo sistema de enteros,
no es evidente la existencia de un par mínimo.

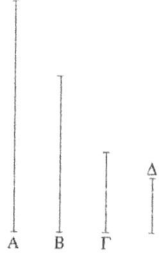

dirá a Γ, B. Mídalos y sea Δ. Puesto que Δ mide a Γ, mientras que Γ mide a A, entonces Δ mide también a A. Pero mide también a B; entonces Δ mide a A, B que son primos entre sí; lo cual es imposible [VII, Def. 12]. Por tanto ningún número medirá a los números Γ, B.

Por consiguiente, Γ, B son primos entre sí. Q. E. D.

PROPOSICIÓN 24

Si dos números son primos con respecto a otro número, también su producto será primo con respecto al mismo (número).

Sean los dos números A, B primos con respecto a un número Γ, y A, al multiplicar a B, haga Δ.

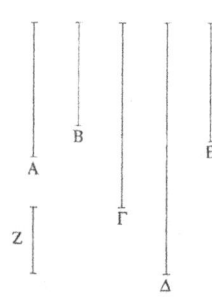

Digo que Γ, Δ son primos entre sí. Pues si Γ, Δ no son primos entre sí, algún número medirá a Γ, Δ. Mídalos y sea E. Ahora bien, puesto que Γ, A son primos entre sí, y cierto número E mide a Γ, entonces A, E son primos entre sí [VII, 23]. Entonces, cuantas veces E mide a Δ, tantas unidades hay en Z; por tanto, Z mide también a Δ según las unidades de E [VII, 16]. Luego E, al multiplicar a Z, ha hecho el número Δ [VII, Def. 16]. Pero también A, al multiplicar a B, ha hecho el (número) Δ; así pues, el (producto) de E, Z es igual al (producto) de A, B. Pero si el producto de los extremos es igual al producto de los medios, los cuatro números son proporcionales [VII, 19].

Entonces, como E es a A, así B es a Z. Pero A, E son primos (entre sí) y los primos son también los menores, y los números menores de los que guardan la misma razón que ellos miden a los que guardan la misma razón el mismo número de veces, el mayor al mayor y el menor al menor, es decir: el antecedente al antecedente y el consecuente al consecuente [VII, 20]. Por tanto, E mide a B; pero también mide a Γ; luego E mide a B, Γ que son primos entre sí; lo cual es imposible [VII, Def. 13]. Por tanto ningún número medirá a los números Γ, Δ.

Por consiguiente, Γ, Δ son primos entre sí. Q. E. D.

PROPOSICIÓN 25

Si dos números son primos entre sí, el producto de uno de ellos (multiplicado por sí mismo) será primo con respecto al restante[35].

Sean A, B dos números primos entre sí, y A, al multiplicarse a sí mismo, haga Γ.
Digo que B, Γ son primos entre sí.
Hágase, pues, Δ igual a A. Puesto que A, B son primos entre sí, mientras que A es igual a Δ, entonces también Δ, B son primos entre sí. Así pues cada uno de los

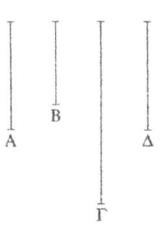

---

[35] *Ho ek toû henùs autôn genómenos*, lit.: «el (número) producido por uno de ellos...» se refiere al producto de dicho número por sí mismo. Añado estas palabras entre paréntesis porque no aparecen en el texto griego. Por otra parte, la proposición es un caso particular de la precedente.

(números) Δ, A es primo con respecto a B; luego el producto de Δ, A será primo con respecto a B [VII, 24], pero el número producido a partir de Δ, A es Γ.

Por consiguiente, Γ, B son primos entre sí. Q. E. D.

Si dos números son primos con respecto a dos números, uno y otro con cada uno de ellos, sus productos también serán primos entre sí.

Pues sean A, B dos números primos ambos con respecto a cada uno de los dos números Γ, Δ, y A, al multiplicar a B, haga E, y Γ, al multiplicar a Δ, haga Z.

Digo que E, Z son primos entre sí.

Pues como cada uno de los (números) A, B son primos con respecto a Γ, entonces el producto de A, B también será primo con respecto a Γ [VII, 24]. Pero el producto de A, B es E; luego E, Γ son primos entre sí. Por lo mismo, Δ, E también son primos entre sí. Entonces cada uno de los (números) Γ, Δ es primo con respecto a E. Por tanto, el producto de Γ, Δ será también primo con respecto a E [VII, 24]. Pero el producto de los (números) Γ, Δ es Z.

Por consiguiente los números E, Z son primos entre sí. Q. E. D.

PROPOSICIÓN 27

Si dos números son primos entre sí y al multiplicarse cada uno a sí mismo hace algún otro (número), sus productos serán primos entre sí, y si los números iniciales, al multiplicar a los productos, hacen ciertos números, también ellos serán primos entre sí [y siempre sucede esto con los extremos][36].

Sean A, B dos números primos entre sí, y A al multiplicarse a sí mismo haga el (número) Γ, y al multiplicar a Γ haga el (número) Δ; por otra parte, B al multiplicarse a sí mismo haga el (número) E, y al multiplicar a E haga el (número) Z.

Digo que Γ, E y Δ, Z son primos entre sí.

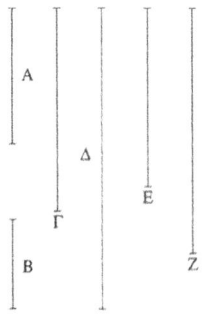

Pues como A, B son primos entre sí, y A al multiplicarse a sí mismo ha hecho el (número) Γ, entonces Γ, B son primos entre sí [VII, 25]. Dado que, en efecto, Γ, B son primos entre sí y B, al multiplicarse por sí mismo, ha hecho el (número) E, entonces Γ, E son primos entre sí [VII, 25]. A su vez, como A, B son primos entre sí y B al multiplicarse a sí mismo ha hecho el (número) E, entonces A, E son primos entre sí [VII, 25]. Así pues, como los dos números A, Γ son primos ambos con respecto a cada uno de los dos números B, E, entonces el producto de A, Γ es

---

[36] Heiberg atetiza el final del enunciado porque *ákroi* solo podría significar «los últimos productos» y porque no hay nada en la prueba que se corresponda con estas palabras. De hecho Campano las omite. Heiberg concluye que se trata de una interpolación anterior a Teón.

también primo con respecto al (producto) de B, E [VII, 26]. Pero el (producto) de A, Γ es Δ, mientras que el (producto) de B, E es Z.

Por consiguiente, Δ, Z son primos entre sí. Q. E. D.

PROPOSICIÓN 28

Si dos números son primos entre sí, su suma también será un (número) primo con respecto a cada uno de ellos; y si la suma de ambos es un (número) primo con respecto a uno cualquiera de ellos, también los números iniciales serán primos entre sí.

Súmense pues los dos números primos entre sí AB, BΓ.

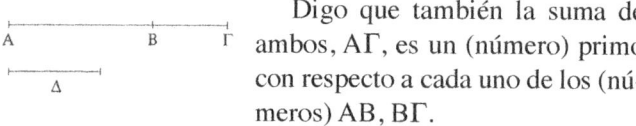

Digo que también la suma de ambos, AΓ, es un (número) primo con respecto a cada uno de los (números) AB, BΓ.

Pues si ΓA, AB no son primos entre sí, algún número medirá a ΓA, AB. Mídalos y sea Δ. Así pues, como Δ mide a ΓA, AB, entonces medirá también al resto BΓ. Pero mide también a BA; entonces a mide a AB, BΓ que son primos entre sí; lo cual es imposible [VII, Def. 13]. Por tanto ningún número medirá a ΓA, AB; luego ΓA, AB son primos entre sí. Por lo mismo, AΓ, ΓB son también primos entre sí. Entonces ΓA es primo con respecto a cada uno de los (números) AB, BΓ.

Sean ahora ΓA, AB primos entre sí.

Digo que AB, BΓ son también primos entre sí.

Pues si AB, BΓ no son primos entre sí, algún número medirá a los (números) AB, BΓ. Mídalos y sea Δ. Ahora bien, como Δ mide a cada uno de los (números) AB, BΓ, entonces medirá también al total ΓA. Pero mide también a AB; entonces Δ mide a los (números) ΓA, AB que son primos entre sí; lo cual es imposible [VII, Def. 13]. Luego ningún número medirá a los (números) AB, BΓ.

Por consiguiente, AB, BΓ son primos entre sí. Q. E. D.

PROPOSICIÓN 29

Todo número primo es primo con respecto a todo (nú-mero) al que no mide.

Sea A un número primo y no mida a B.

Digo que B, A son primos entre sí.

Pues si B, A no son primos entre sí, algún número los medirá. Mídalos y sea Γ. Puesto que Γ mide a B, pero A no mide a B, entonces Γ no es el mis-mo (número) que A. Y puesto que Γ mide a B, A, entonces mide tam-bién a A que es primo no siendo el mismo (que Γ); lo cual es imposi-ble; luego ningún número medirá a los (números) B, A.

```
├───────────────────┤ A

├───────────────────────────────┤ B

├──────────┤ Γ
```

Por consiguiente, A, B son primos entre sí. Q. E. D.

PROPOSICIÓN 30

Si dos números, al multiplicarse entre sí, hacen algún (número) y algún número primo mide a su producto, tam-bién medirá a uno de los iniciales.

Hagan, pues, los dos números A, B, al multiplicarse en-tre sí, el (número) Γ, y mida algún número primo, Δ, al (nú-mero) Γ.

Digo que Δ mide a uno de los (números) A, B.

Pues no mida a A; pero Δ es primo; entonces A, Δ son primos entre sí [VII, 29]. Ahora bien, cuantas veces mida Δ a Γ, tantas unidades haya en E. Así pues, como Δ mide a Γ según las unidades de E, entonces Δ, al multiplicar a E, ha hecho el (número) Γ [VII, Def. 16]. Pero, en efecto, A, al multiplicar a B, ha hecho también el (número) Γ; entonces el (producto) de Δ, E es igual al (producto) de A, B. Luego, como Δ es a A, así B a E [VII, 19]. Pero Δ, A son primos y los primos son también los menores [VII, 21], y los menores miden el mismo número de veces a los que guardan la misma razón, el mayor al mayor y el menor al menor, es decir el antecedente al antecedente y el consecuente al consecuente [VII, 20]; así pues, Δ mide a B. De manera semejante demostraríamos que, si no mide a B, medirá a A.

Por consiguiente, Δ mide a uno de los (números) A, B. Q. E. D.

Todo número compuesto es medido por algún número primo.

Sea A un número compuesto.

Digo que A es medido por algún número primo.

Pues como A es compuesto, algún número lo medirá. Mídalo y sea B. Ahora bien, si B es primo se habría dado lo propuesto. Pero si es com-

puesto, algún número lo medirá. Mídalo y sea Γ. Pues
bien, como Γ mide a B y B mide a A, entonces Γ mide
también a A. Y si Γ es primo, se habría dado lo propuesto.
Pero si es compuesto, algún número lo medirá. Siguiendo
así la investigación se hallará un número primo, que lo medirá[37]. Pues, si no se halla, una serie infinita de números
medirán al número A, cada uno de los cuales es menor que
otro; lo cual es imposible en el (caso de) los números.
Luego se hallará un número primo que medirá al anterior
a él mismo, que también medirá a A.

Por consiguiente, todo número compuesto es medido
por algún número primo. Q. E. D.

PROPOSICIÓN 32

Todo número o es primo o es medido por algún (núme-
ro) primo.

Sea A un número.

Digo que A o es primo o es medido por algún (número) primo.

Pues si A es primo se habría dado lo propuesto,
pero si es compuesto, algún número primo lo medirá
[VII, 31].

Por consiguiente, todo número o es primo o es medido por algún (número) primo. Q. E. D.

———————

[37] Se echan en falta en esta proposición las palabras «al anterior a él
mismo que también medirá a A» que aparecen así unas líneas más abajo.
Heiberg piensa que es posible que dichas palabras hayan desaparecido
de P en este lugar, debido a un error de *homeoteleuton*. Por otro lado,
relega al apéndice una prueba alternativa de esta proposición, cf. Heath,
ed. cit., pág. 333.

PROPOSICIÓN 33

Dados tantos números como se quiera, hallar los me-
nores de aquellos que guardan la misma razón que ellos.

Sean A, B, Γ tantos números dados como se quiera.
Así pues hay que hallar los menores de los que guardan
la misma razón que A, B, Γ.

Pues A, B, Γ o son primos entre sí o no. Si, en efecto,
son primos entre sí, son los menores de los que guardan la
misma razón que ellos [VII, 21].

Pero si no, tómese la medida común máxima, Δ, de A,
B, Γ; y, cuantas veces mida Δ a cada uno de los (números)
A, B, Γ, tantas unidades haya en cada uno de los (números) E, Z, H. Entonces, los números A, B, Γ miden respectivamente a los (números) E, Z, H, según las unidades
de Δ [VII, 16]. Luego E, Z, H miden el mismo número de
veces a A, B, Γ; por tanto, E, Z, H guardan la misma razón
que A, B, Γ [VII, Def. 21].

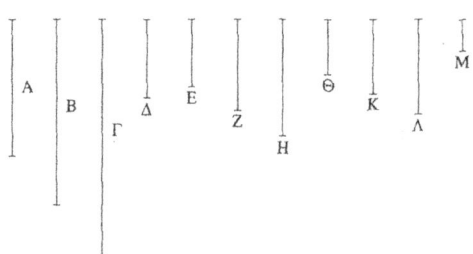

Digo además que también son los menores.

Pues si E, Z, H no son los menores de los que guardan
la misma razón que A, B, Γ, habrá unos números menores
que E, Z, H que guarden la misma razón con A, B, Γ. Sean
Θ, K, Λ; entonces Z mide a A el mismo número de veces

que K, Λ miden respectivamente a B, Γ. Ahora bien, cuantas veces Θ mide a A, tantas unidades haya en M; entonces K, Λ miden respectivamente a B, Γ según las unidades
de M. Y puesto que Θ mide a A según las unidades de M,
entonces M mide también a A según las unidades de Θ
[VII, 16]. Por lo mismo, M mide a B, Γ según las unidades
de K, Λ respectivamente; luego M mide a A, B, Γ. Y como
Θ mide a A según las unidades de M, entonces Θ, al multiplicar a M, ha hecho el (número) A [VII, Def. 16]. Por lo
mismo, E al multiplicar a Δ ha hecho también el (número)
A. Entonces el (producto) de E, Δ es igual al (producto) de
Θ, M. Luego, como E es a Θ, así M es a Δ [VII, 19]. Ahora bien, E es mayor que Θ; entonces M es también mayor
que Δ, y mide a los (números) A, B, Γ; lo cual es imposible: porque se ha supuesto que Δ es la medida común
máxima de A, B, Γ. Por tanto, no habrá ningún número
menor que E, Z, H que guarde la misma razón que A, B, Γ.

Por consiguiente, E, Z, H son los (números) menores
de los que guardan la misma razón con A, B, Γ. Q. E. D.

PROPOSICIÓN 34

Dados dos números, hallar el menor número al que miden.

Sean A, B los dos números dados.

Así pues hay que hallar el menor número al que miden.

Pues bien, A, B o son primos entre sí o no. En primer
lugar sean A, B primos entre sí, y A al multiplicar a B haga
el (número) Γ; entonces B al multiplicar a A ha hecho también el (número) Γ [VII, 16]. Entonces A, B miden a Γ.

Digo además que también es el menor (número al que
miden).

Pues, si no, A, B medirán a algún número que sea menor que Γ. Midan a Δ. Y cuantas veces A mide a Δ, tantas unidades haya en E, y, cuantas veces B mide a Δ, tantas unidades haya en Z; entonces A, al multiplicar a E, ha hecho el (número) Δ, y B, al multiplicar a Z, ha hecho el (número) Δ [VII, Def. 16]; entonces el (producto) de A, E es igual al (producto) de B, Z. Por tanto, como A es a B, así Z a E [VII, 19]; pero A, B son primos, y los primos son también los menores [VII, 21] y los menores miden a los que guardan la misma razón el mismo número de veces, el mayor al mayor y el menor al menor [VII, 20]; así pues, B mide a E, como el consecuente al consecuente. Y como A, al multiplicar a B, E, ha hecho los (números) Γ, Δ, entonces, como B es a E, así Γ a Δ [VII, 17]. Pero B mide a E; luego Γ mide también a Δ, el mayor al menor; lo cual es imposible. Por tanto, A, B no miden a algún número que sea menor que Γ. Luego Γ es el menor que es medido por A, B.

Ahora, no sean A, B primos entre sí, y tómense los números menores Z, E de los que guardan la misma razón con A, B [VII, 33]; entonces, el (producto) de A, E es igual al (producto) de B, Z [VII, 19]. Y haga A, al multiplicar a E, el (número) Γ; entonces B, al multiplicar a Z, ha hecho también el (número) Γ; así pues, A, B miden a Γ.

Digo además que también es el menor (número al que miden).

Pues, si no, A, B medirán a algún número que sea me-

nor que Γ. Midan a Δ. Y cuantas veces A mide a Δ, tantas
unidades haya en H, y cuantas veces B mide a Δ, tantas unidades haya en Θ. Entonces, A al multiplicar a H ha
hecho el número Δ, y B al multiplicar a Θ ha hecho el
número Δ. Así pues, el (producto) de A, H es igual al (producto) de B, Θ; luego, como A es a B, así Θ a H [VII, 19].
Pero como A es a B, así Z a E. Por tanto, también, como Z
es a E, así Θ a H. Pero Z, E son los menores, y los menores
miden a los que guardan la misma razón el mismo número
de veces, el mayor al mayor y el menor al menor [VII, 20].
Entonces, E mide a H. Y como A, al multiplicar a E, ha
hecho los números Γ, Δ, entonces, como E es a H, así Γ a
Δ [VII, 17]. Pero E mide a H; luego Γ también mide a Δ,
el mayor al menor; lo cual es imposible. Por tanto, A, B no
miden a algún número que sea menor que Γ.

Por consiguiente, Γ es el número menor que es medido
por A, B. Q. E. D.[38]

PROPOSICIÓN 35

Si dos números miden a algún número, el (número) me-
nor medido por ellos también medirá al mismo (número).

Pues midan dos números A, B a un número Γ Δ y sea
E el menor (al que miden).

Digo que E mide también a ΓΔ.

Pues si E no mide a ΓΔ, deje
E, al medir a ΔZ, al número menor que sí mismo ΓZ. Y como A,

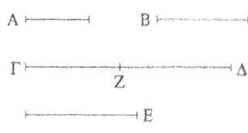

---

[38] Se trata del procedimiento para hallar el mínimo común múltiplo
de dos números.

B miden a E y E mide a ΔZ, entonces, A, B medirán también a ΔZ. Pero miden también al total ΓΔ; luego, medirán también a ΓZ que es menor que E; lo cual es imposible. Por tanto, no es el caso de que E no mida a ΓΔ; por consiguiente lo mide. Q. E. D.

PROPOSICIÓN 36

Dados tres números, hallar el número menor al que miden.

Sean A, B, Γ tres números dados.

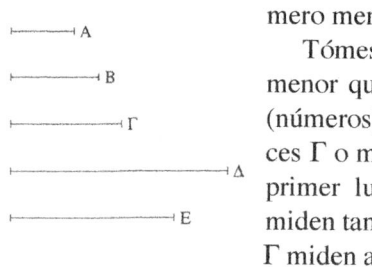

Así pues, hay que hallar el número menor al que miden.

Tómese, pues, Δ, el (número) menor que es medido por los dos (números) A, B [VII, 34]. Entonces Γ o mide a Δ o no lo mide. En primer lugar, mídalo. Pero A, B miden también a Δ; entonces A, B, Γ miden a Δ.

Digo además que también es el menor (al que miden).

Pues, si no, A, B, Γ medirán a un número que sea menor que Δ. Midan a E. Como A, B, Γ miden a E, entonces A, B también miden a E. Así pues, el menor (número) medido por A, B también medirá [a E] [VII, 35]. Pero el menor (número) medido por A, B es Δ; entonces, Δ medirá a E, el mayor al menor; lo cual es imposible. Luego, A, B, Γ no medirán a algún número que sea menor que Δ; por tanto, Δ es el número menor que A, B, Γ miden.

Ahora, por el contrario, no mida Γ a Δ, y tómese E, el menor número medido por Γ, Δ [VII, 34]. Como A, B miden a Δ, pero Δ mide a E, entonces, A, B miden tam-

bién a E. Pero Γ mide también [a E]; entonces A, B, Γ
miden también [a E].

Digo además que es el menor (número al que miden).

Pues, si no, A, B, Γ medirán a algún (número) que sea
menor que E. Midan a Z. Como A, B, Γ miden a Z, entonces A, B miden también a Z; luego el menor (número) medido por A, B medirá a Z [VII, 35].

A ├──────┤   Γ ├────────────┤   E ├──────────────────┤

B ├────────┤   Δ ├──────────┤   Z ├────────────────┤

Pero el menor (número) medido por A, B es Δ; entonces,
Δ mide a Z. Pero Γ también mide a Z; por tanto, Δ, Γ mide
a Z; de modo que el menor (número) medido por Δ, Γ
también medirá a Z. Pero el menor (número) medido por
Γ, Δ es E. Entonces E mide a Z, el mayor al menor; lo cual
es imposible. Por tanto, A, B, Γ no medirán a un número
que sea menor que E.

Por consiguiente, E es el menor que es medido por A,
B, Γ. Q. E. D.[39].

PROPOSICIÓN 37

*Si un número es medido por algún número, el (núme-
ro) medido tendrá una parte homónima del (número) que
lo mide.*

Sea medido, pues, A por algún número B.

Digo que A tiene una parte homónima de B.

────────────

[39] El método de Euclides para hallar el *m. c. m.* de tres números nos
es familiar. Primero se halla el *m. c. m.* de *a*, *b*, sea *d*; y despúes se halla
el *m. c. m.* de *d* y *c*.

Pues cuantas veces B mide a A, tantas unidades haya en Γ. Como B mide a A según las unidades de Γ, y la unidad Δ mide al número Γ según sus propias unidades, entonces, la unidad Δ mide al número Γ el mismo número de veces que B a Δ. Así pues, por alternancia, la unidad Δ mide al número B el mismo número de veces que Γ a A [VII, 15]; entonces la parte que la unidad Δ es del número B, la misma parte es también Γ de A. Pero la unidad Δ es una parte del número B homónima de él; entonces Γ es también una parte de A homónima de B. De modo que A tiene una parte Γ que es homónima de B. Q. E. D.[40].

PROPOSICIÓN 38

Si un número tiene una parte cualquiera, será medido por un número homónimo de la parte.

Tenga, pues, el número A una parte cualquiera B, y sea Γ homónimo de la parte B.

Digo que Γ mide a A.

Pues como B es una parte de A homónima de Γ, y la unidad Δ es una parte de Γ homónima de él, entonces la parte que la unidad Δ es del número Γ, la misma parte es

---

[40] El texto del enunciado precisa de una explicación. Por ejemplo, si *3 mide a A*, es decir: Si *A = 3m = (3+3+...3)*, la proposición afirma que hay un número que es un *tercio* de A.

Si *B mide a A*, existe un número que es la *B ᵃᵛᵃ* parte de A.

también B de A; entonces la unidad Δ mide al número Γ el mismo número de veces que B a A. Así pues, por alternancia, la unidad Δ mide al número B el mismo número de veces que Γ a A [VII, 15].

Por consiguiente, Γ mide a A. Q. E. D.

PROPOSICIÓN 39

Hallar un número que sea el menor que tenga unas partes dadas.

Sean las partes dadas A, B, Γ.

Así pues, hay que hallar un número que sea el menor que tenga las partes A, B, Γ.

Pues sean Δ, E, Z números homónimos de las partes A, B, Γ; y tómese H, el menor (número) medido por Δ, E, Z [VII, 36].

Entonces, H tiene partes homónimas de Δ, E, Z [VII, 37]. Pero A, B, Γ son partes homónimas de Δ, E, Z, Γ; entonces tiene las partes A, B, Γ.

Digo además que es también el menor.

Pues, si no, habrá un número menor que H que tenga las partes A, B, Γ. Sea Θ. Puesto que Θ tiene las partes A, B, Γ, entonces Θ será medido por los números homónimos de las partes A, B, Γ [VII, 38]. Pero Δ, E, Z son números homónimos de las partes A, B, Γ; entonces Θ es medido por los (números) Δ, E, Z. Y es menor que H; lo cual es imposible.

Por consiguiente, no habrá ningún número menor que H que tenga las partes A, B, Γ. Q. E. D.

LIBRO VIII

Si tantos números como se quiera son continuamente[1] proporcionales y sus extremos son primos entre sí, son los menores de aquellos que guardan la misma razón que ellos.

Sean A, B, Γ, Δ tantos números como se quiera continuamente proporcionales, y sean primos entre sí sus extremos A, Δ.

Digo que A, B, Γ, Δ son los menores de los que guardan la misma razón que ellos.

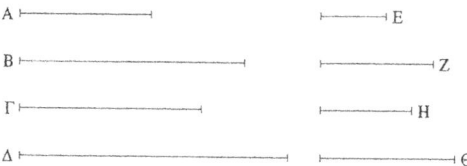

Pues, si no, sean E, Z, H, Θ menores que A, B, Γ, Δ, guardando la misma razón que ellos. Y puesto que A, B, Γ, Δ guardan la misma razón que E, Z, H, Θ y la cantidad de los (números) A, B, Γ, Δ es igual a la cantidad de los (nú-

---

[1] La expresión utilizada aquí es *hexês análogon*. Se trata de lo que nosotros llamaríamos «progresión geométrica».

meros) E, Z, H, Θ, entonces, por igualdad, como A es a Δ, E a Θ [VII, 14]. Pero A, Δ son primos, y los primos son los menores [VII, 21], y los números menores miden a los que guardan la misma razón que ellos el mismo número de veces, el mayor al mayor y el menor al menor, es decir: el antecedente al antecedente y el consecuente al consecuente [VII, 20]. Entonces, A mide a E, el mayor al menor; lo cual es imposible. Luego, E, Z, H, Θ, que son menores que A, B, Γ, Δ no guardan la misma razón que ellos. Por consiguiente, A, B, Γ, Δ son los menores de aquellos que guardan la misma razón que ellos. Q. E. D.

PROPOSICIÓN 2

Hallar tantos números como uno proponga continuamente proporcionales, los menores en una razón dada.

Sea la razón de A a B la razón dada en sus menores números.

Así pues, hay que hallar tantos números como uno proponga continuamente proporcionales, los menores en la razón de A a B.

Sean cuatro los propuestos, y A, al multiplicarse por sí mismo, haga el (número) Γ, y al multiplicar a B, haga el (número) Δ, y además B, al multiplicarse por sí mismo, haga el número E y además A, al multiplicar a Γ, Δ, E, haga los (números) Z, H, Θ, y B, al multiplicar a E, haga el (número) K.

Y puesto que A, al multiplicarse por sí mismo, ha hecho el (número) Γ y, al multiplicar a B, ha hecho el (número) Δ, entonces, como A es a B, así Γ a Δ [VII, 17]. Puesto que A, al multiplicar a B, ha hecho a su vez el (número) Δ,

mientras que B, al multiplicarse por sí mismo, ha hecho el
(número) E, entonces, cada uno de los (números) A, B, al
multiplicar a B, han hecho los (números) Δ, E respectivamente. Por tanto, como A es a B, así Δ a E [VII, 18]. Pero
como A es a B, Γ es a Δ; entonces también como Γ es a Δ,
Δ es a E. Y puesto que A, al multiplicar a Γ, Δ, ha hecho
los (números) Z, H, entonces, como Γ es a Δ, Z es a H
[VII, 17]. Pero como Γ es a Δ, así A era a B; luego también
como A es a B, Z es a H. Puesto que A, al multiplicar a Δ,
E, ha hecho a su vez (los números) H, Θ, entonces, como
Δ es a E, H es a Θ [VII, 17]. Pero como Δ es a E, A es a
B. Por tanto, también como A es a B, así H a Θ. Y puesto
que A, B, al multiplicar a E han hecho los (números) Θ, K,
entonces, como A es a B, así Θ a K [VII, 18]. Pero como
A es a B, así Z a H, y H a Θ. Por tanto, también, como Z
es a H, así H a Θ y Θ a K; luego Γ, Δ, E y Z, H, Θ, K son
proporcionales en la razón de A a B.

Digo además que también son los menores. Pues como
A, B son los menores de los que guardan la misma razón
que ellos, y los menores de los que guardan la misma razón son primos entre sí [VII, 22], entonces A, B son primos
entre sí. Y cada uno de los (números) A, B, al multiplicarse
por sí mismo, ha hecho los números Γ, E respectivamente,
mientras que, al multiplicar a los (números) Γ, E, ha hecho

los (números) Z, K respectivamente; entonces Γ, E y Z, K son primos entre sí [VII, 27]. Pero si tantos números como se quiera son continuamente proporcionales y sus extremos son primos entre sí, son los menores de los que guardan la misma razón que ellos [VIII, 1].

Por consiguiente, Γ, Δ, E y Z, H, Θ, K son los menores de los que guardan la misma razón que A, B. Q. E. D.

Porisma:

A partir de esto queda claro que si tres números continuamente proporcionales son los menores de los que guardan la misma razón con ellos, sus extremos son cuadrados y, si son cuatro, cubos.

PROPOSICIÓN 3

Si tantos números como se quiera continuamente proporcionales son los menores de los que guardan la misma razón que ellos, sus extremos son primos entre sí.

Sean A, B, Γ, Δ tantos números como se quiera continuamente proporcionales y los menores de los que guardan la misma razón que ellos.

Digo que sus extremos, A, Δ, son primos entre sí.

Tómense, pues, dos números E, Z los menores en la razón de A, B, Γ, Δ [VII, 33], y otros tres H, Θ, K, y así sucesivamente aumentando la serie de uno en uno [VIII, 2] hasta que la cantidad (de números) tomada resulte igual a la cantidad de los (números) A, B, Γ, Δ. Tómense y sean Λ, M, N, Ξ.

Y puesto que E, Z son los menores de los que guardan la misma razón que ellos, son primos entre sí [VII, 22]. Ahora bien, como cada uno de los (números) E, Z, al mul-

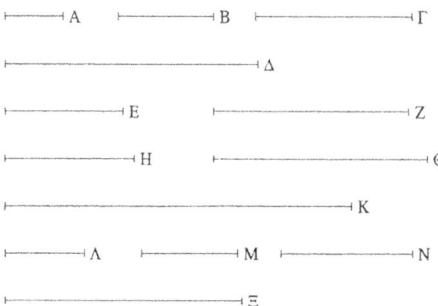

tiplicarse por sí mismo, ha hecho los (números) H, K, respectivamente, mientras que al multiplicar a H, K, ha hecho los números Λ, Ξ respectivamente, entonces, H, K y Λ, Ξ son primos entre sí [VII, 27]. Y como A, B, Γ, Δ son los menores de los que guardan la misma razón con ellos, pero Λ, M, N, Ξ son también los menores que guardan la misma razón con A, B, Γ, Δ, y la cantidad de los (números) A, B, Γ, Δ es igual a la cantidad de los (números) Λ, M, N, Ξ, entonces, los (números) A, B, Γ, Δ son iguales respectivamente a los (números) Λ, M, N, Ξ; por tanto, A es igual a Λ y Δ a Ξ. Pero Λ, Ξ son primos entre sí.

Por consiguiente, A, Δ también son primos entre sí. Q. E. D.

PROPOSICIÓN 4

Dadas tantas razones como se quiera en sus menores números, hallar los números continuamente proporcionales menores en las razones dadas.

Sean las razones dadas en sus menores números la de A a B y la de Γ a Δ y además la de E a Z.

Así pues, hay que hallar los números continuamente

proporcionales menores en la razón de A a B, en la de Γ a
Δ y en la de E a Z.

Pues tómese H, el menor número medido por B, Γ [VII,
34]. Y cuantas veces B mide a H, tantas mida también A a
Θ, y cuantas veces Γ mide a H, tantas mida también Δ
a K. Ahora bien, E o mide a k o no lo mide. En primer lugar, mídalo. Y cuantas veces E mide a K, tantas mida también Z a Λ. Y como A mide a Θ el mismo número de veces
que B a H, entonces como A es a B, así Θ a H [VII, Def. 21
y VII, 13]. Por lo mismo, también como Γ es a Δ, así H a
K, y además, como E es a Z, así K a Λ; por tanto, Θ, H, K,
Λ son continuamente proporcionales en la razón de A a B
y también en la de Γ a Δ y además en la de E a Z.

Digo además que también son los menores (con esta
propiedad).

Pues si Θ, H, K, Λ no son los (números) continuamente
proporcionales menores en las razones de A a B, de Γ a Δ y
de E a Z, séanlo entonces N, Ξ, M, O. Ahora bien, puesto
que como A es a B, así N a Ξ, mientras que A, B son los
menores y los menores miden a los que guardan la misma
razón que ellos el mismo número de veces el mayor al mayor y el menor al menor, es decir: el antecedente al antece-

dente y el consecuente al consecuente, entonces B mide a Ξ
[VII, 20]: por lo mismo, Γ también mide a Ξ; por tanto, B,
Γ miden a Ξ; luego el menor medido por B, Γ medirá también a Ξ [VII, 35]; pero H es el menor medido por B, Γ:
entonces H mide a Ξ, el mayor al menor; lo cual es imposible. Así pues, no habrá algunos números menores que Θ, H,
K, Λ que estén continuamente en la razón de A a B, ni en la
de Γ a Δ, ni tampoco en la de E a Z.

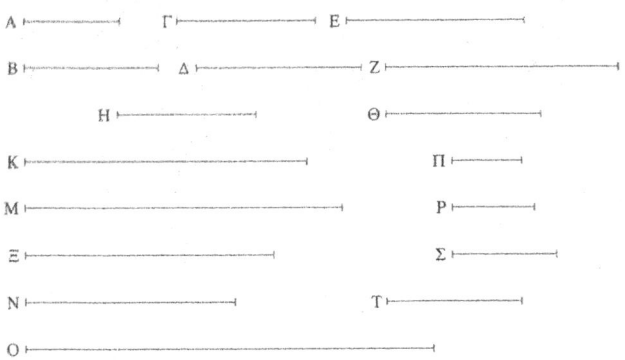

Ahora no mida E a K. Y tómese M, el menor número
medido por E, K. Y cuantas veces K mide a M, tantas veces mida Θ, H a N, Ξ respectivamente y cuantas veces E
mide a M, tantas mida también Z a O. Como Θ mide a N
el mismo número de veces que H a Ξ, entonces como Θ es
a H, así N a Ξ [VII, 13 y def. 21]. Pero como Θ es a H, así
A a B. Entonces como A es a B, así N a Ξ. Por lo mismo,
también como Γ es a Δ, así Ξ a M. A su vez, como E mide
a M el mismo número de veces que Z a O, entonces, como
E es a Z, así M a O [VII, 13, y Def. 21]; por tanto, N, Ξ,
M, O son continuamente proporcionales en las razones de
A a B, de Γ a Δ y de E a Z.

Digo además que también son los menores en las razones AB, ΓΔ, EZ. Pues, si no, habrá algunos números menores que N, Ξ, M, O continuamente proporcionales en las razones AB, ΓΔ, EZ. Sean Π, P, Σ, T. Y puesto que como Π es a P, así A a B, mientras que A, B son los menores y los menores miden a los que guardan la misma razón que ellos el mismo número de veces, el antecedente al antecedente y el consecuente al consecuente [VII, 20], entonces B mide a P. Por lo mismo, Γ también mide a P, por tanto, B, Γ miden a P. Luego el menor medido por B, Γ medirá también a P. Pero H es el menor medido por B, Γ; entonces H mide a P. Y como H es a P, así K a Σ [VII, 13]; entonces K mide a Σ. Pero también E mide a Σ, luego E, K miden a Σ. Por tanto, el menor medido por E, K medirá a Σ. Pero el menor medido por E, K es M; luego M mide a Σ, el mayor al menor; lo cual es imposible. Entonces, no habrá algunos números menores que N, Ξ, M, O continuamente proporcionales en las razones de A a B, de Γ Δ a y de E a Z.

Por consiguiente, N, Ξ, M, O son los números continuamente proporcionales menores en las razones AB, ΓΔ, EZ. Q. E. D.[2].

---

[2] Euclides utiliza aquí las expresiones abreviadas: «las razones AB, Γ A, EZ» para las razones de A a B de Γ a Δ y de E a Z. Por otra parte, «continuamente proporcionales» no se utiliza aquí en el sentido habitual de progresión geométrica, sino que se aplica a una serie de términos cada uno de los cuales guarda con el siguiente una razón determinada pero no la misma razón.

PROPOSICIÓN 5

Los números planos guardan entre sí la razón com-
puesta de (las razones) de sus lados[3].

Sean A, B números planos y sean los números Γ, Δ los
lados de A, y E, Z los de B.

Digo que A guarda con B una razón compuesta de (las
razones) de sus lados.

Pues dadas las razones que guardan Γ con E y Δ con Z,
tómense H, Θ, K, los números menores que están continuamente en las razones ΓE, ΔZ, de modo que como Γ es
a E, así H a Θ y como Δ es a Z, así Θ a k [VIII, 4] y Δ, al
multiplicar a E, haga el (número) Λ.

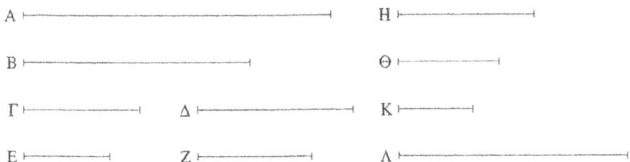

Y puesto que Δ, al multiplicar a Γ, ha hecho el (número) A, mientras que al multiplicar a E ha hecho el (número) Λ, entonces, como Γ es a E, así A a Λ [VII, 17].
Pero como Γ es a E, así H a Θ; entonces, también, como
H es a Θ, así A a Λ. Puesto que E a su vez, al multiplicar
a Δ, ha hecho el (número) Λ, mientras que, al multiplicar también a Z, ha hecho el (número) B, entonces, como Δ
es a Z, así Λ a B [VII, 17]. Pero como Δ es a Z, así Θ a K;
luego, también, como Θ es a K, así Λ a B Pero se ha demostrado también que como H es a Θ, así A a Λ; entonces, por

---

[3] Como en VI 23, el texto tiene la expresión menos exacta *synkeí-*
menon ek tôn pleurôn.

igualdad, como H es a K, A es a B [VII, 14], pero H guarda con K la razón compuesta de las (razones) de sus lados.

Por consiguiente, A guarda con B la razón compuesta a partir de las (razones) de sus lados. Q. E. D.

PROPOSICIÓN 6

Si tantos números como se quiera son continuamente proporcionales y el primero no mide al segundo, tampoco ningún otro medirá a ninguno.

Sean A, B, Γ, Δ, E tantos números como se quiera continuamente proporcionales y A no mida a B.

Digo que tampoco ningún otro medirá a ningún otro.

A ├———————————————————┤

B ├——————————————————┤

Γ ├———————————————————┤

Δ ├————————————————————┤

E ├—————————————————————┤

Z ├——————————————┤

H ├—————————————————┤

Θ ├————————————————————┤

Está claro que A, B, Γ, Δ, E no se miden sucesivamente entre sí, pues ni siquiera A mide a B.

Digo además que ningún otro medirá a ninguno.

Pues, de ser posible, mida A a Γ. Y, cuantos números sean A, B, Γ, tómense tantos números Z, H, Θ, los menores de los que guardan la misma razón que A, B, Γ [VII, 33].

Y puesto que Z, H, Θ guardan la misma razón que A, B, Γ, y la cantidad de los (números) A, B, Γ, es igual a la cantidad de los (números) Z, H, Θ, entonces, por igualdad, como A es a Γ, así Z a Θ [VII, 14]. Ahora bien, dado que como A es a B, así Z, a, H, y A no mide a B, entonces tampoco Z mide a H [VII, Def. 21]; por tanto, Z no es una unidad; pues la unidad mide a cualquier número. Y Z, Θ son primos entre sí [VIII, 3]. Por tanto, como Z es a Θ, así A a Γ.

Por consiguiente, A tampoco mide a Γ. De manera semejante demostraríamos que ningún otro mide tampoco a ningún otro. Q. E. D.

PROPOSICIÓN 7

Si tantos números como se quiera son continuamente proporcionales y el primero mide al último, también medirá al segundo.

Sean A, B, Γ, Δ tantos números como se quiera continuamente proporcionales y mida A a Δ.

A ├─────────┤   Γ├──────────────┤

B ├──────────────┤   Δ├────────────────────┤

Digo que A también mide a B.

Pues, si A no mide a B, tampoco ningún otro medirá a ningún otro [VIII, 6]. Pero A mide a Δ.

Por consiguiente, A mide también a B. Q. E. D.

PROPOSICIÓN 8

Si entre dos números caen números en proporción continua (con ellos), entonces cuantos números caen entre ellos en proporción continua, tantos caerán también en proporción continua entre los que guardan la misma razón (con los números iniciales)[4].

Pues caigan los números Γ, Δ entre los dos números A, B en proporción continua (con ellos) y hágase que como A es a B, así E sea a Z.

Digo que cuantos números hayan caído entre los (números) A, B en proporción continua, tantos caerán también entre los (números) E, Z en proporción continua.

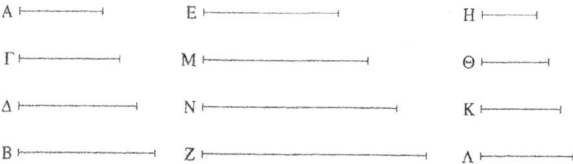

Pues cuantos sean A, B, Γ, Δ, tómense tantos números, H, Θ, Γ, Λ, los menores de los que guardan la misma razón que A, Γ, Δ, B [VII, 33]; entonces, sus extremos H, Λ son primos entre sí [VIII, 3]. Y como A, Γ, Δ, B guardan la misma razón que H, Θ, K, Λ, y la cantidad de los (números) A, Γ, Δ, B es igual a la cantidad de los (números) H, Θ, K, Λ, entonces, por igualdad, como A es a B, así H a Λ [VII, 14]. Pero como A es a B, así E a Z; luego también, como H es a Λ, así E a Z. Pero H, Λ son primos y los

---

[4] *Empíptō* «caer entre», «intercalar».

La expresión utilizada aquí para la proporción continua es *katà tò synechès análogon*. Para diferenciarla de *hexês análogon*, traduzco aquí «en proporción continua» en lugar de «continuamente proporcionales».

primos son también los menores [VII, 21], y los números menores miden a los que guardan la misma razón que ellos el mismo número de veces, el mayor al mayor y el menor al menor, es decir: el antecedente al antecedente y el consecuente al consecuente [VII, 20]. Así pues, H mide a E el mismo número de veces que Λ a Z. Ahora, cuantas veces H mide a E, tantas veces midan Θ, K a M, N respectivamente; entonces H, Θ, K, Λ miden a E, M, N, Z el mismo número de veces. Por tanto, H, Θ, K, Λ guardan la misma razón que E, M, N, Z [VII, Def. 21]. Pero H, Θ, K, Λ guardan la misma razón que A, Γ, Δ, B; y A, Γ, Λ, B guardan la misma razón que E, M, N, Z; pero A, Γ, Λ, B están en proporción continua; por tanto, E, M, N, Z están en proporción continua.

Por consiguiente, cuantos números han caído entre A, B en proporción continua (con ellos), tantos han caído también en proporción continua entre E, Z. Q. E. D.

PROPOSICIÓN 9

Si dos números son primos entre sí, y caen entre ellos números en proporción continua, entonces, cuantos números caen en proporción continua entre ellos, tantos caerán también en proporción continua entre cada uno de ellos y la unidad.

Sean A, B dos números primos entre sí y caigan entre ellos Γ, Δ en proporción continua, y quede aparte la unidad E.

Digo que, cuantos números hayan caído entre A, B en proporción continua, tantos caerán también en proporción continua entre cada uno de ellos y la unidad.

Pues tómense dos números, Z, H, los menores que es-

tán en la razón de A, Γ, Δ, B, y tres (números) Θ, K, Λ, y
así sucesivamente aumentando la serie de uno en uno, hasta que resulte igual su cantidad a la cantidad de los (números) A, Γ, Δ, B [VIII, 2]. Tómense y sean M, N, Ξ, O. Pues
bien, está claro que Z, al multiplicarse por sí mismo, ha
hecho el (número) Θ, y, al multiplicar a Θ, ha hecho el
(número) M, mientras que H, al multiplicarse por sí mismo, ha hecho el (número) Λ y, al multiplicar a Λ, ha hecho
el (número) o [VIII, 2, Por.].

A ├───────────────┤	Θ ├───────────┤
Γ ├─────────────┤	K ├─────────────┤
Δ ├───────────────┤	Λ ├────────────────┤
B ├──────────────────┤	
E ├───────┤	M ├─────────┤
Z ├──────────┤	N ├─────────────┤
H ├───────────┤	Ξ ├──────────────┤
	O ├──────────────────┤

Ahora bien, puesto que M, N, Ξ, O son los menores de
los que guardan la misma razón que Z, H, y A, Γ, Δ, B son
también los menores de los que guardan la misma razón
que Z, H [VIII, 1], mientras que la cantidad de los (números) M, N, Ξ, O es igual a la cantidad de los (números) A,
Γ, Δ, B, entonces los (números) M, N, Ξ, O son iguales a
los (números) A, Γ, Δ, B respectivamente; por tanto, M es
igual a A y O a B. Y como Z, al multiplicarse por sí mismo,
ha hecho el (número) Θ, entonces Z mide a Θ según las
unidades de Z. Pero la unidad E mide también a Z según
sus unidades; luego, la unidad E mide al número Z el mismo número de veces que Z a Θ. Por tanto, como la unidad

E es al número Z, así Z a Θ [VII, Def. 21]. Puesto que, a su vez, Z, al multiplicar a Θ, ha hecho el (número) M, entonces, Θ mide a M según las unidades de Z. Pero la unidad E mide también al número Z según sus unidades; luego la unidad E mide al número Z el mismo número de veces que Θ a M. Por tanto, como la unidad E es al número Z, así Θ a M. Luego la unidad E es al número Z como Θ a M. Pero se ha demostrado también que como la unidad E es al número Z, así Z a Θ, Entonces como la unidad E es al número Z, así es Z a Θ y Θ a M. Pero M es igual a A; por tanto, como la unidad E es al número Z, así es Z a Θ y Θ a A. Por lo mismo también, como la unidad E es al número H, así H a Λ y Λ a B.

Por consiguiente, cuantos números han caído en proporción continua entre A, B, tantos números han caído también en proporción continua entre cada uno de los (números) A, B y la unidad E. Q. E. D.

PROPOSICIÓN 10

Si entre cada uno de dos números y una unidad caen números en proporción continua, entonces, cuantos números caigan en proporción continua entre cada uno de ellos y la unidad, tantos caerán también en proporción continua entre ellos.

Caigan entre los números A, B y la unidad Γ los números Δ, E y los (números), H, Z en proporción continua.

Digo que cuantos números hayan caído entre cada uno de los números A, y la unidad Γ en proporción continua, tantos caerán también en proporción continua entre A, B.

Pues Δ, al multiplicar a Z, haga el (número) Θ, y Δ, Z,

al multiplicar a Θ, hagan los (números) K, Λ respectivamente.

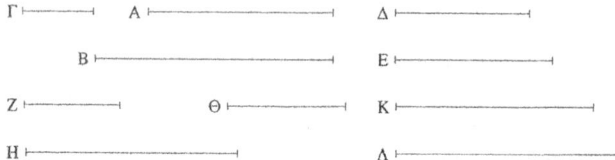

Puesto que como la unidad Γ es al número Δ, así Δ es a E, entonces la unidad Γ mide al número Δ el mismo número de veces que Δ a E [VII, 20 y Def. 21]. Pero la unidad Γ mide al número Δ según las unidades de Δ; por tanto, el número Δ también mide a E según las unidades de Δ; luego Δ, al multiplicarse por sí mismo, ha hecho el (número) E. Asimismo, puesto que como Γ es al número Δ, así E es a A, entonces la unidad Γ mide al número Δ el mismo número de veces que E a A. Pero la unidad Γ mide al número Δ según las unidades de Δ; entonces E mide a A según las unidades de Δ; entonces Δ, al multiplicar a E, ha hecho el (número) A. Por lo mismo, también Z, al multiplicarse por sí mismo, ha hecho el (número) H y, al multiplicar a H, ha hecho el (número) B.

Y puesto que Δ, al multiplicarse por sí mismo, ha hecho E y al multiplicar a Z ha hecho Θ, entonces como Δ es a Z, así E a Θ [VII, 17]. Por lo mismo, también como Δ es a Z, así Θ a H [VII, 18]. Entonces, también, como E es a Θ, así Θ a H. Puesto que a su vez Δ, al multiplicar a los (números) E, Θ, ha hecho los (números) A, K respectivamente, entonces, como E es a Θ, así A, a K [VII, 17]. Pero como E es a Θ, así Δ a Z; entonces, como Δ es a Z, así A a K. Puesto que a su vez Δ, Z, al multiplicar a Θ, han hecho los (números) K, Λ respectivamente, entonces, como

Δ es a Z, así K a A [VII, 18]. Pero como Δ es a Z, así A a
K; por tanto, como A es a K, así K a Λ. Además, puesto
que Z, al multiplicar a los (números) Θ, H, ha hecho los
(números) Λ, B respectivamente, entonces, como Θ es a
H, así Λ a B [VII, 17]. Pero, como Θ es a H, así Δ a Z.
Entonces, como Δ es a Z, así Λ a B. Pero se ha demostrado que también como Δ es a Z, así A a K y K a Λ; así pues,
también, como A es a K, así K a Λ y Λ a B. Por tanto, A,
K, Λ, B están en proporción continua.

Por consiguiente, cuantos números han caído en proporción continua entre cada uno de los (números) A, B y
la unidad Γ, tantos caerán también en proporción continua
entre A, B. Q. E. D.[5]

PROPOSICIÓN 11

Entre dos números cuadrados hay un número (que es)
media proporcional y el número cuadrado guarda con el
número cuadrado una razón duplicada de la que el lado
guarda con el lado.

Sean A, B los números cuadrados y sea Γ el lado de A
y Δ el de B.

Digo que hay un número (que es) media proporcional
entre A y B, y que A guarda con B una razón duplicada de
la que Γ guarda con Δ.

Pues Γ, al multiplicar a Δ, haga el (número) E. Y puesto que A es un (número) cuadrado y Γ es su lado, entonces

---

    [5] Se observará que con la expresión «por lo mismo, también como
Δ es a Z, así Θ es a H», Euclides hace referencia, en realidad, a VII 18, y
no a VII 17, pero, como el orden de factores no altera el producto, las
palabras «por lo mismo, también» están justificadas aquí. Lo mismo
ocurre en la proposición siguiente.

Γ, al multiplicarse por sí mismo, ha hecho el (número) A. Por lo mismo, Δ, al multiplicarse por sí mismo, ha hecho el (número) B. Así pues, como Γ, al multiplicar a los números Γ, Δ, ha hecho los números A, E respectivamente, entonces, como Γ es a Δ, así A, a E [VII, 17]. Por lo mismo, también, como Γ es a Δ, así E a B [VII, 18]. Luego también, como A es a E, así E a B. Por tanto, entre A, B hay un número media proporcional.

Digo además que A guarda con B una razón duplicada de la que Γ guarda con Δ.

Pues como A, E, B son tres números en proporción, entonces A guarda con B una razón duplicada de la que A guarda con E [V, Def. 9]. Pero como A es a E, así Γ a Δ. Por consiguiente, A guarda con B una razón duplicada de la que Γ guarda con Δ. Q. E. D.[6].

PROPOSICIÓN 12

Entre dos números cubos hay dos números (que son) medias proporcionales y el (número) cubo guarda con el (número) cubo una razón triplicada de la que el lado guarda con el lado.

---

[6] Según Nicómaco, este teorema y el siguiente, a saber: que entre dos cuadrados hay una media geométrica, se deben a Platón. Cf. *Timeo* 32a ss.: «Si el cuerpo del Universo hubiera tenido que ser una superficie sin profundidad, habría bastado con una magnitud media que se uniera a sí misma con los extremos; pero, en realidad, convenía que fuera sólido, y los sólidos nunca son conectados por un término medio, sino siempre por dos». Lo más que cabría decir es que tales resultados le eran familiares.

Sean A, B dos números cubos y sea Γ el lado de A y Δ el de B.

Digo que entre A, B hay dos números (que son) medias proporcionales y que A guarda con B una razón triplicada de la que Γ guarda con Δ.

Pues Γ, al multiplicarse por sí mismo, haga el (número) E, y, al multiplicar a Δ, haga el (número) Z, y Δ, al multiplicarse por sí mismo, haga el (número) H, y Γ, Δ, al multiplicar a Z, hagan los (números) Θ, K respectivamente.

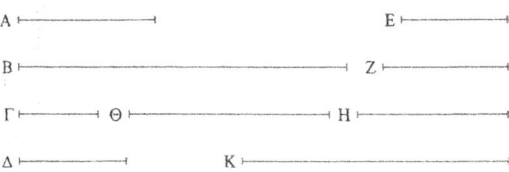

Y puesto que A es un (número) cubo y Γ es su lado, y Γ, al multiplicarse a sí mismo, ha hecho el (número) E, entonces Γ, al multiplicarse por sí mismo, ha hecho el (número) E y, al multiplicar a E, ha hecho A. Por lo mismo, también Δ, al multiplicarse por sí mismo, ha hecho H, y, al multiplicar a H, ha hecho B. Ahora bien, puesto que Γ, al multiplicar a los (números) Γ, Δ, ha hecho los (números) E, Z respectivamente, entonces como Γ es a Δ, así E a Z [VII, 17]. Por lo mismo, también, como Γ es a Δ, así Z a H [VII, 18]. A su vez, puesto que Γ, al multiplicar a los (números) E, Z, ha hecho A, Θ respectivamente, entonces, como E es a Z, así A a Θ [VII, 17]. Pero como E es a z, así Γ a Δ; entonces como Γ es a Δ, así A a Θ. Puesto que, a su vez, los (números) Γ, Δ, al multiplicar a Z, han hecho los (números) Θ, K respectivamente, entonces, como Γ es a Δ, así Θ es a K [VII, 18]. Puesto que, a su vez, Δ, al multiplicar a los (números) Z, H, ha hecho K, B respectivamente, entonces, como Z es a H, así K a B [VII, 17]. Pero como Z es a H, así Γ a Δ; entonces, también, como Γ es a Δ, así A a Θ, Θ a K y K a B. Por tanto, entre A, B hay dos números medios proporcionales Θ, K.

Digo además que A guarda con B una razón triplicada de la que Γ guarda con Δ. Pues como A, Θ, K, B son cuatro números en proporción, entonces A guarda con B una razón triplicada de la que A guarda con Θ [V, Def. 10]. Pero como A es a Θ, así Γ a Δ.

Y, por consiguiente, A guarda con B una razón triplicada de la que Γ guarda con Δ. Q. E. D.

PROPOSICIÓN 13

Si tantos números como se quiera son continuamente proporcionales y cada uno, al multiplicarse por sí mismo, hace algún (número), los productos serán proporcionales; y, si los (números) iniciales, al multiplicar a los productos, hacen ciertos (números), también estos últimos serán proporcionales.

Sean A, B, Γ tantos números como se quiera continuamente proporcionales, (es decir que) como A es a B, así B a Γ; y A, B, Γ, al multiplicarse por sí mismos, hagan los (números) Δ, E, Z, y Δ, E, Z, al multiplicarse a sí mismos, hagan los (números) H, Θ, K.

Digo que Δ, E, Z y H, Θ, K son continuamente proporcionales.

Haga, pues, A, al multiplicar a B, el (número) Λ, y A, B, al multiplicar a Λ, hagan los (números) M, N respectivamente. Y B, al multiplicar a su vez a Γ, haga Ξ, y B, Γ, al multiplicar a Ξ, hagan los (números) O, Π respectivamente.

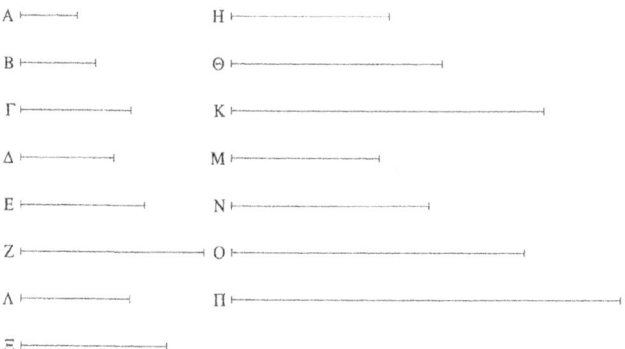

Así pues, de manera semejante a lo anterior demostraríamos que Δ, Λ, E y H, M, N, Θ son continuamente proporcionales en la razón de A a B, y además E, Ξ, Z y Θ, O, Π, K son continuamente proporcionales en la razón de B a Γ. Ahora bien, como A es a B, así B a Γ; entonces Δ, Λ, E guardan la misma razón que E, Ξ, Θ y además H, M, N, Θ (guardan la misma razón) que Θ, O, Π, K. Y la cantidad de los (números) Δ, Λ, E es (igual) a la cantidad de los (números) E, Ξ, Z y la de H, M, N, Θ igual a la de Θ, O, Π, K.

Por consiguiente, por igualdad, como Δ es a E, así E a Z, y como H es a Θ, así Θ a K [VII, 14]. Q. E. D.

PROPOSICIÓN 14

Si un (número) cuadrado mide a un (número) cuadrado, también el lado medirá al lado; y, si el lado mide al lado, el (número) cuadrado medirá también al (número) cuadrado.

Sean A, B números cuadrados y sean sus lados Γ, Δ y mida A a B.

A ├─────────┤

B ├───────────────┤

Γ ├───────┤ Δ ├──────────┤

E ├──────────────┤

Digo que Γ mide también a Δ.

Pues Γ, al multiplicar a Δ, haga el (número) E; entonces A, E, B son continuamente proporcionales en la razón de Γ a Δ [VIII, 11].

Y puesto que A, E, B son continuamente proporcionales y A mide a B, entonces A mide también a E [VIII, 7]. Y como A es a E, así Γ a Δ; entonces Γ mide a Δ [VII, Def. 21].

Ahora mida Γ a su vez a Δ.

Digo que A también mide a B.

Pues, siguiendo la misma construcción, demostraríamos de manera semejante que A, E, B son continuamente proporcionales en la razón de Γ a A. Y puesto que, como Γ es a Δ, así A a E, pero Γ mide a Δ, entonces, A mide a E [VII, Def. 21]. Y A, E, B son continuamente proporcionales; luego A mide a B.

Por consiguiente, si un (número) cuadrado mide a un (número) cuadrado, también el lado medirá al lado; y, si el lado mide al lado, también el (número) cuadrado medirá al número cuadrado. Q. E. D.[7]

PROPOSICIÓN 15

Si un número cubo mide a un número cubo, también el lado medirá al lado; y si el lado mide al lado, también el cubo medirá al cubo.

Pues mida el número cubo A al (número) cubo B, y sea Γ el lado de A y Δ el de B.

───────

[7] Es uno de los raros casos en los teoremas de aritmética cuya conclusión reitera el enunciado de la proposición. Cf. VII 31-32.

Digo que Γ mide a Δ.

Pues Γ, al multiplicarse por sí mismo, haga el (número) E, y Δ, al multiplicarse por sí mismo, haga el (número) H y además Γ, al multiplicar a Δ, haga el (número) Z, y Γ, Δ, al multiplicar a Z, hagan los (números) Θ, K respectivamente. Pues bien, está claro que E, Z, H y A, Θ, K, B son continuamente proporcionales en la razón de Γ a Δ [VIII, 11 y 12]. Y puesto que A, Θ, K, B son continuamente proporcionales y A mide a B, entonces también mide a Θ [VIII, 7]. Ahora bien, como A es a Θ, así Γ a Δ. Entonces Γ también mide a Δ [VII, Def. 21].

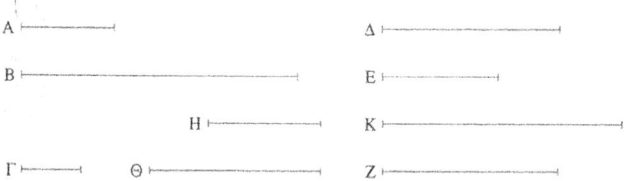

Pero ahora mida Γ a Δ.

Digo que también A medirá a B.

Pues, siguiendo la misma construcción, demostraríamos de modo semejante que A, Θ, K, B son continuamente proporcionales en la razón de Γ a Δ. Y puesto que Γ mide a Δ y como Γ es a Δ, así A a Θ, entonces A mide también a Θ [VII, Def. 21]; de modo que B mide también a A. Q. E. D.

PROPOSICIÓN 16

Si un número cuadrado no mide a un número cuadrado, tampoco el lado medirá al lado; y si el lado no mide al lado, tampoco el (número) cuadrado medirá al (número) cuadrado.

Sean los números cuadrados A, B y sean sus lados Γ, Δ y no mida A a B.

A ├───────────┤

B ├─────────────┤

Γ ├──────┤

Δ ├─────────┤

Digo que Γ tampoco mide a Δ.

Pues, si Γ mide a Δ, A medirá también a B [VIII, 14]. Pero A no mide a B; luego Γ tampoco medirá a Δ.

Ahora bien, no mida Γ a Δ.

Digo que A tampoco medirá a B.

Pues, si A mide a B, Γ medirá también a A [VIII, 14]. Pero Γ no mide a A; luego A tampoco medirá a B. Q. E. D.

PROPOSICIÓN 17

Si un número cubo no mide a un número cubo, el lado tampoco medirá al lado; y si el lado no mide al lado, tampoco el (número) cubo medirá al (número) cubo.

Pues que no mida el número cubo A al número cubo B; y sea Γ el lado de A y Δ el de B.

├─────────┤ A ├────┤ Γ

├──────────────────┤ B ├──────────┤ Δ

Digo que Γ no medirá a Δ.

Pues, si Γ mide a Δ, A también medirá a B [VIII, 15]. Pero A no mide a B; luego Γ no mide a Δ.

Ahora bien, no mida Γ a Δ.

Digo que A tampoco medirá a B.

Pues si A mide a B, Γ medirá también a Δ [VIII, 15].

Pero Γ no mide a Δ; luego A no medirá a B. Q. E. D.

PROPOSICIÓN 18

Entre dos números planos semejantes hay un número
(que es) media proporcional; y el (número) plano guarda
con el (número) plano una razón duplicada de la que el
lado correspondiente guarda con el lado correspondiente.

Sean A, B dos números planos semejantes, y sean los
números Γ, Δ los lados de A, y E, Z los de B. Y puesto que
(números) planos semejantes son los que tienen los lados proporcionales [VII, Def. 22], entonces como Γ es a Δ, así E a Z.

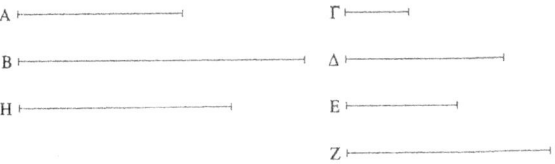

Pues bien, digo que entre A, B hay un número (que es la)
media proporcional y A guarda con B una razón duplicada
de la que Γ guarda con E O Δ con Z, es decir, de la que el
lado correspondiente (guarda) con el lado correspondiente.

Y dado que como Γ es a Δ, así E a Z, entonces, por
alternancia, como Γ es a E, así Δ a Z [VII, 13]. Ahora bien,
como A es un número plano y Γ, Δ sus lados, entonces Δ,
al multiplicar a Γ, ha hecho el número A. Por lo mismo,
también E, al multiplicar a Z, ha hecho el (número) B.

Ahora Δ, al multiplicar a E, haga el (número) H. Y puesto que Δ, al multiplicar a Γ, ha hecho el (número) A, y al
multiplicar a E, ha hecho el (número) H, entonces como Γ
es a E, así A a H [VII, 17]. Pero como Γ es a E, así Δ es a
Z; entonces como Δ es a Z, así A a H. Puesto que E, a su
vez, al multiplicar a Δ ha hecho el (número) H, y al multiplicar a Z ha hecho el (número) B, entonces como Δ es a

Z, así H a B [VII, 17]. Pero se ha demostrado también que
como Δ es a Z, así A a H; entonces también, como A es a
H, así H a B. Así pues, A, H, B son continuamente proporcionales. Luego entre A, B hay un número (que es la) media proporcional.

Digo ahora que A guarda con B una razón duplicada
de la que el (lado) correspondiente (guarda) con el (lado)
correspondiente, es decir, de la que Γ guarda con E O A
con Z. Pues como A, H, B son continuamente proporcionales, A guarda con B una razón duplicada de la que (guarda) con H [V, Def. 9]. Y como A es a H, así Γ a E y Δ a Z.

Por consiguiente, A guarda con B una razón duplicada
de la que Γ (guarda) con E O Δ con Z. Q. E. D.

PROPOSICIÓN 19

*Entre dos números sólidos semejantes caen dos nú-
meros (que son) medias proporcionales; y el (número)
sólido guarda con el (número) sólido semejante una razón
triplicada de la que el lado correspondiente guarda con el
lado correspondiente.*

Sean A, B dos (números) sólidos semejantes, y sean Γ,
Δ, E los lados de A, y Z, H, Θ los de B. Y como sólidos
semejantes son los que tienen los lados proporcionales [VII,

A |⌐ ⌐ ⌐ ⌐ ⌐ ⌐ ⌐ ⌐| Ξ |⌐ ⌐ ⌐ ⌐ ⌐ ⌐ ⌐ ⌐ ⌐ ⌐ ⌐ ⌐ ⌐|

B |⌐ ⌐ ⌐ ⌐ ⌐ ⌐ ⌐ ⌐ ⌐ ⌐ ⌐| N |⌐ ⌐ ⌐ ⌐ ⌐ ⌐ ⌐ ⌐ ⌐ ⌐ ⌐ ⌐ ⌐|

Γ |⌐ ⌐ ⌐| Z |⌐ ⌐ ⌐ ⌐| K |⌐ ⌐ ⌐ ⌐ ⌐ ⌐|

Δ |⌐ ⌐ ⌐| H |⌐ ⌐ ⌐| Λ |⌐ ⌐ ⌐ ⌐ ⌐ ⌐ ⌐|

E |⌐ ⌐ ⌐| Θ |⌐ ⌐ ⌐ ⌐ ⌐| M |⌐ ⌐ ⌐ ⌐ ⌐ ⌐|

Def. 22], entonces como Γ es a Δ, así Z a H, y como Δ es
a E, así H a Θ.

Digo que entre A, B caen dos números (que son) medias proporcionales y que A guarda con B una razón triplicada de la que Γ (guarda) con Z y Δ con H y además
E con Θ.

Pues haga Γ, al multiplicar a Δ, el (número) K, y haga
Z, al multiplicar a H, el número Λ. Y como Γ, Δ están en
la misma razón que Z, H y el (producto) de Γ, Δ es K,
mientras que Λ es el (producto) de Z, H, entonces K, Λ
son números planos semejantes [VII, Def. 22]; por tanto,
entre K, Λ hay un número (que es) media proporcional
[VIII, 18]. Sea M. Entonces M es el (producto) de Δ, Z,
según se ha demostrado en el teorema anterior [VIII, 18].
Y puesto que Δ, al multiplicar a Γ, ha hecho el (número)
K, y al multiplicar a Z ha hecho el (número) M, entonces,
como Γ es a Z, así K a M [VII, 17]. Pero como K es a M,
M es a Λ. Luego, K, M, Λ son continuamente proporcionales en la razón de Γ a Z. Puesto que, como Γ es a Δ, así
Z a H, entonces, por alternancia, como Γ es a Z, así Δ a
H [VII, 13]. Por lo mismo, también, como Δ es a H, así
E a Θ. Así pues, K, M, Λ son continuamente proporcio-
nales en la razón de Γ a Z y en la de Δ a H y además en
la de E a Θ.

Ahora bien, hagan los (números) E, Θ, al multiplicar a
M, los (números) N, Ξ respectivamente. Y puesto que A es
un número sólido y Γ, Δ, E sus lados, entonces E, al multiplicar al producto de Γ, Δ, ha hecho el (número) A. Pero
el (producto) de Γ, Δ es K; entonces E, al multiplicar a K,
ha hecho A. Así que, también, por lo mismo, Θ, al multiplicar a Λ, ha hecho el (número) B.

Y puesto que E, al multiplicar a K, ha hecho el (número) A, mientras que, al multiplicar a M, ha hecho el (nú-

mero) N, entonces, como K es a M, así A a N [VII, 17].
Pero, como K es a M, así Γ a Z y Δ a H y además E a Θ.
Entonces también, como Γ es a Z y Δ a H y E a Θ, así A a
N. Puesto que, a su vez, E, Θ, al multiplicar a M, han he-
cho los (números) N, Ξ res pectivamente, entonces, como
E es a Θ, así N a Ξ [VII, 18]. Pero, como E es a Θ, así Γ a
Z y Δ a H; luego también, como Γ es a Z y Δ a H y E a Θ,
así A a N y N a Ξ. Puesto que Θ, a su vez, al multiplicar a
M, ha hecho el (número) Ξ, mientras que, al multiplicar
también a Λ, ha hecho el (número) B, entonces, como M
es a Λ, así Ξ a B [VII, 17]. Pero como M es a Λ, así Γ a Z
y Δ a H y E a Θ. Luego también, como Γ es a Z y Δ a H y
E a Θ, así no solo Ξ a B, sino también A a N y N a Ξ. Por
tanto, A, N, Ξ, B son continuamente proporcionales en las
antedichas razones de los lados.

Digo también que A guarda con B una razón triplicada
de la que el lado correspondiente guarda con el lado correspondiente, es decir, de la que el número Γ (guarda) con el
(número) Z, o el (número) Δ con el (número) H y además
el (número) E con el (número) Θ.

Pues como A, N, Ξ, B son cuatro números continuamente proporcionales, entonces A guarda con B una razón
triplicada de la que A (guarda) con N [V, Def. 10]. Pero se
ha demostrado que como A es a N, así Γ a Z y Δ a H y
además E a Θ.

Por consiguiente, también A guarda con B una razón
triplicada de la que el lado correspondiente guarda con el
lado correspondiente, es decir, de la que el número Γ guarda con el (número) Z y el (número) Δ con el (número) H y
además el (número) E con el (número) Θ. Q. E. D.

PROPOSICIÓN 20

Si entre dos números cae un número (que es) media pro-
porcional, los números serán números planos semejantes.

Pues caiga un número Γ (que sea la) media proporcional entre los números A, B.

Digo que A, B son números planos semejantes.

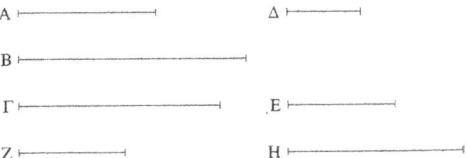

Tómense los números menores Δ, E de los que guardan
la misma razón con A, Γ [VII, 33]; entonces, Δ mide a A el
mismo número de veces que E a Γ [VII, 20]. Y cuantas veces Δ mida a A, tantas unidades haya en Z; entonces, Z, al
multiplicar a Δ, ha hecho el (número) A. De modo que A es
un número plano y Δ, Z sus lados. Puesto que a su vez Δ, E
son los números menores de los que guardan la misma razón que Γ, B, entonces, Δ mide a Γ el mismo número de
veces que E a B [VII, 20]. Ahora bien, cuantas veces E mida
a B, tantas unidades haya en H. Entonces, E mide a B según
las unidades de H; por tanto, H, al multiplicar a E, ha hecho
el (número) B. Luego B es un número plano y E, H sus lados. Por tanto, A, B son números planos.

Digo además que son semejantes.

Pues como Z al multiplicar a Δ ha hecho el (número) A
y al multiplicar a E ha hecho el (número) Γ, entonces,
como Δ es a E, así A a Γ[8], es decir, Γ a B [VII, 17]. A su

---

[8] Heath considera corruptas estas líneas porque no es necesario in-

vez, puesto que E, al multiplicar a Z, H, ha hecho los (números) Γ, B respectivamente, entonces, como Z es a H, así Γ a B [VII, 17]. Pero como Γ es a B, así Δ a E; luego también, como Δ es a E, así Z a H. Y, por alternancia, como Δ es a Z, así E a H [VIII, 13].

Por consiguiente, A, B son números planos semejantes: porque sus lados son proporcionales. Q. E. D.

PROPOSICIÓN 21

Si entre dos números caen dos números medios proporcionales, los números son sólidos semejantes.

Pues caigan dos números medios proporcionales Γ, Δ entre los números A, B.

Digo que A, B son (números) sólidos semejantes.

Pues tómense tres números E, Z, H los menores de los que guardan la misma razón que A, Γ, Δ [VII, 33 y VIII, 2]; entonces sus extremos E, H son primos entre sí [VIII, 3]. Y puesto que entre E, H ha caído un número medio proporcional, Z, entonces E, H son números planos semejantes [VIII, 20]. Pues bien, sean Θ, K los lados de E, y Λ, M los de H. Luego queda claro a partir de la (proposición) anterior que E, Z, H son continuamente proporcionales en la razón de Θ a Λ y en la de K a M. Y como E, Z, H son los (números) menores de los que guardan la misma razón que A, Γ, Δ y la cantidad de los (números) E, Z, H es igual

---

ferir que como Δ es a E, así A a Γ, ya que forma parte de la hipótesis. Además, contra lo habitual en este texto, la afirmación de que Z, al multiplicar a E, ha hecho Γ, se presenta sin explicación detallada. Sin embargo los editores no indican nada al respecto. Por otra parte, esta proposición es la conversa de VIII 18.

a la cantidad de los (números) A, Γ, Δ, entonces, por
igualdad, como E es a H, así A a Δ [VII, 14]. Pero E, H son
primos y los primos son también los menores [VII, 21],
pero los menores miden a los que guardan la misma razón
que ellos el mismo número de veces, el mayor al mayor y
el menor al menor, es decir, el antecedente al antecedente
y el consecuente al consecuente [VII, 20]; entonces E mide
a A el mismo número de veces que H a Δ. Ahora bien,
cuantas veces E mide a A, tantas unidades haya en N. Entonces N, al multiplicar a E, ha hecho el (número) A. Pero
E es el (producto) de Θ, K; luego N, al multiplicar al (producto) de Θ, K, ha hecho el (número) A. Por tanto, A es un
(número) sólido y Θ, K, N son sus lados. Puesto que a su
vez E, Z, H son los (números) menores de los que guardan
la misma razón que Γ, Δ, B, entonces E mide a Γ el mismo
número de veces que H a B. Ahora bien, cuantas veces E
mide a Γ, tantas unidades haya en Ξ. Entonces H mide a B
según las unidades de Ξ; luego Ξ, al multiplicar a H, ha
hecho el (número) B. Pero H es el (producto) de Λ, M;
entonces Ξ, al multiplicar al (producto) de Λ, M, ha hecho
el (número) B. Luego B es un número sólido y Λ, M, Ξ
sus lados; por tanto, A y B son (números) sólidos.

Digo que también son semejantes. Pues como N, Ξ, al

multiplicar a E, han hecho los números A, Γ (respectivamente), entonces, como N es a Ξ, A es a Γ, es decir, E a
Z [VII, 18]. Pero como E es a Z, Θ es a Λ y K a M; luego, como Θ es a Λ, así K a M y N a Λ. Pero Θ, K, N son
los lados de A, mientras que Ξ, Λ, M son los lados de B.
Por consiguiente, A, B son números sólidos semejantes.
Q. E. D.

PROPOSICIÓN 22

Si tres números son continuamente proporcionales y el
primero es cuadrado, el tercero será también cuadrado.

Sean A, B, Γ tres números continuamente proporcionales y el primero, A, sea cuadrado.
Digo que también el tercero, Γ, es cuadrado.
Pues como entre A, Γ hay un
número B (que es) media proporcional, entonces A, Γ son (números) planos semejantes [VIII, 20].
Pero a es cuadrado.
Por consiguiente, también Γ es cuadrado. Q. E. D.

PROPOSICIÓN 23

Si cuatro números son continuamente proporcionales y
el primero es cubo, también el cuarto será cubo.

Sean A, B, Γ, Δ cuatro números continuamente pro-
porcionales y sea A cubo.
Digo que A también es cubo.
Pues como entre A, Δ hay dos números B, Γ (que son)

medias proporcionales, entonces A, Δ son dos números sólidos semejantes [VIII, 21]. Pero A es cubo.

Por consiguiente, también Δ es cubo. Q. E. D.

PROPOSICIÓN 24

Si dos números guardan entre sí la razón que un número cuadrado guarda con un número cuadrado y el primero es cuadrado, el segundo será también cuadrado.

Pues guarden entre sí los dos números A, B la razón que guarda el número cuadrado Γ con el número cuadrado Δ, y sea A cuadrado.

Digo que también B es cuadrado.

Pues como Γ, Δ son cuadrados, entonces, Γ, Δ son (números) planos semejantes. Por tanto, entre Γ, Δ cae un número medio proporcional [VIII, 18], y como Γ es a Δ, A es a B; luego entre A, B cae también un número medio proporcional [VIII, 8]. Pero A es cuadrado.

Por consiguiente, también B es cuadrado [VIII, 22]. Q. E. D.

PROPOSICIÓN 25

Si dos números guardan entre sí la razón que un número cubo guarda con un número cubo y el primero es cubo, el segundo será también cubo.

Pues guarden entre sí los dos números A, B la razón que el número cubo Γ guarda con el número cubo Δ, y sea A cubo.
Digo que B es también cubo.

A ⊢————————⊣   E ⊢————————————⊣

B ⊢————————————⊣

Γ ⊢——————————⊣   Z ⊢————————————————⊣

Δ ⊢——————————————⊣

Pues como Γ, Δ son cubos, son (números) sólidos semejantes; entonces entre Γ, Δ caen dos números (que son) medias proporcionales [VIII, 19]. Pero cuantos (números) caen en proporción continua entre Γ, Δ, tantos (caerán) también entre los que guardan la misma razón con ellos [VIII, 8]. De modo que entre A, B caen también dos números (que son) medias proporcionales. Caigan E, Z. Pues bien, como los números A, E, Z, B son continuamente proporcionales y A es cubo, entonces B es también cubo [VIII, 23]. Q. E. D.

PROPOSICIÓN 26

Los números planos semejantes guardan entre sí la razón que un número cuadrado guarda con un número cuadrado.

Sean A, B dos números planos semejantes.
Digo que A guarda con B la razón que un número cuadrado guarda con un número cuadrado.
Pues como A, B son números planos semejantes, entonces entre A, B cae un número (que es) media proporcional [VIII, 18].

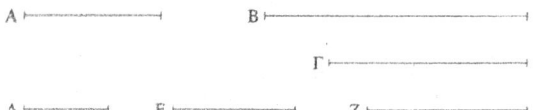

Caiga y sea Γ, y tómense los números menores Δ, E, Z de los que guardan la misma razón que A, Γ, B [VII, 33 y VIII, 2]; entonces sus extremos Δ, Z son cuadrados [VIII, 2, Por.]. Puesto que como Δ es a Z, así A a B y Δ, Z son cuadrados, entonces A guarda con B la razón que un número cuadrado (guarda) con un número cuadrado. Q. E. D.

PROPOSICIÓN 27

Los números sólidos semejantes guardan entre sí la razón que un número cubo (guarda) con un número cubo.

Sean A, B números sólidos semejantes.

Digo que A guarda con B la razón que un número cubo (guarda) con un número cubo.

Pues como A, B son sólidos semejantes, entonces entre A, B caen dos números (que son) medias proporcionales [VIII, 19].

```
A ├──────────┤              Γ ├─────────────────┤

B ├────────────────────┤    Δ ├───────────────────────┤

E ├──────┤  Z ├──────────┤  H ├────────────┤  Θ ├────────────┤
```

Caigan Γ, Δ y tómense E, Z, H, Θ, los (números) menores de los que guardan la misma razón que A, Γ, Δ, B e iguales a ellos en número [VII, 33 y VIII, 2]. Entonces, sus extremos E, Θ son cubos [VIII, 2, Por.]. Ahora bien, como E es a Θ, así A a B; entonces A guarda también con B la razón que un número cubo guarda con un número cubo. Q. E. D.[9].

---

[9] Al-Nayrīzī recoge dos proposiciones en su comentario añadidas por Herón:

a. Si dos números guardan entre sí la razón que un cuadrado guarda con un cuadrado, los números son planos semejantes.

b. Si dos números guardan entre sí la razón que un cubo guarda con un cubo, los números son sólidos semejantes.

Estas proposiciones son las conversas de VIII 26 y 27, respectivamente.

LIBRO IX

*Si dos números planos semejantes, al multiplicarse en-
tre sí, hacen un número, el producto será cuadrado.*

Sean A, B dos números planos semejantes y A, al multiplicar a B, haga el (número) Γ.

Digo que Γ es cuadrado.

Pues haga A, al multiplicarse por sí mismo, el número
Δ. Entonces Δ es cuadrado. Pues bien, como A, al multiplicarse por sí mismo, ha hecho el (número) Δ y, al multiplicar a B, ha hecho el (número) Γ, entonces como A es a
B, así Δ a Γ [VII, 17].

A ├────────────┤

B ├──────────────────┤

Γ ├───────────────────────────┤

Δ ├─────────────────────┤

Y puesto que A, B son números planos semejantes, entonces entre A, B cae un número (que es) media proporcional [VIII, 18]. Pero, si entre dos números caen números en
proporción continua, cuantos caigan entre ellos, tantos (caerán) entre los que guardan la misma razón con ellos [VIII,

8]; de modo que entre Γ, Δ cae también un número (que es) media proporcional. Ahora bien, Δ es cuadrado.

Por consiguiente, también Γ es cuadrado [VIII, 22]. Q. E. D.

PROPOSICIÓN 2

Si dos números, al multiplicarse entre sí, hacen un (número) cuadrado, son números planos semejantes.

Sean A, B los dos números y A, al multiplicar a B, haga el (número) cuadrado Γ.

Digo que A, B son números planos semejantes.

Pues haga A, al multiplicarse por sí mismo, el (número) Δ, entonces Δ es cuadrado. Y dado que A, al multiplicarse por sí mismo, ha hecho el (número) Δ y, al multiplicar a B, ha hecho el (número) Γ, entonces, como A es a B, así Δ es a Γ [VII, 17]. Y puesto que Δ es cuadrado y Γ también, entonces Δ, Γ son (números) planos semejantes. Luego entre Δ, Γ cae un número (que es) media proporcional [VIII, 18]. Ahora bien, como Δ es a Γ, así A a B. Por tanto, entre A, B cae un número (que es) media proporcional [VIII, 18]. Pero, si entre dos números cae un número (que es) media proporcional, los números son planos semejantes [VIII, 20].

Por consiguiente, A, B son (números) planos semejantes. Q. E. D.

PROPOSICIÓN 3

Si un número cubo, al multiplicarse por sí mismo, hace algún número, el producto será cubo.

Haga, pues, el número A, al multiplicarse por sí mismo, el número B.

Digo que B es cubo.

Pues tómese Γ, el lado de A, y Γ, al multiplicarse por sí mismo, haga el (número) Δ.

Entonces queda claro que Γ, al multiplicar a Δ, ha hecho el (número) A. Y como Γ, al multiplicarse por sí mismo, ha hecho Δ, entonces, Γ mide a Δ según sus propias unidades. Pero, además, la unidad mide también según sus propias unidades a Γ. Por tanto, como la unidad es a Γ, Γ es a Δ [VII, Def. 21].

Como Γ, al multiplicar a su vez a Δ, ha hecho el (número) A, entonces, Δ mide a A según las unidades de Γ. Pero la unidad también mide a Γ según sus unidades; luego, como la unidad es a Γ, Δ es a A. Y como la unidad es a Γ, Γ es a Δ; entonces, también, como la unidad es a Γ, así Γ a Δ y Γ a A. Por tanto, entre la unidad y el número A han caído dos números en proporción continua Γ, Δ (que son) medias proporcionales.

Como A, al multiplicarse por sí mismo, ha hecho a su vez el (número) B, entonces A mide a B según sus propias unidades. Pero la unidad también mide a A según sus unidades; entonces, como la unidad es a A, A es a B [VII, Def. 21]. Y entre la unidad y A han caído dos números (que son) medias proporcionales; por tanto, entre A y B caerán también dos números (que son) medias proporcionales [VIII, 8].

Pero si caen dos números (que son) medias proporcionales entre dos números y el primero es cubo, también el segundo será cubo [VIII, 23]. Ahora bien, A es cubo.

Por consiguiente, también B es cubo. Q. E. D.

PROPOSICIÓN 4

Si un número cubo, al multiplicar a un número cubo, hace algún (número), el producto será cubo.

Pues un número cubo A, al multiplicar a un número cubo B, haga el (número) Γ.

Digo que Γ es cubo.

A ├─────┤

B ├───────┤

Γ ├──────────────┤

Δ ├─────────┤

Pues haga A, al multiplicarse por sí mismo, el (número) Δ, entonces Δ es cubo [IX, 3] Y, dado que A, al multiplicarse por sí mismo, ha hecho el número Δ y, al multiplicar a B, ha hecho el (número) Γ, entonces, como A es a B, así Δ a Γ [VII, 17]. Ahora bien, puesto que A, B son cubos, A, B son sólidos semejantes. Por tanto, entre A, B caen dos números (que son) medias proporcionales [VIII, 19]; de modo que entre Δ, Γ caerán también dos (números que son) medias proporcionales [VIII, 8]. Pero Δ es cubo.

Por consiguiente, también Γ es cubo [VIII, 23]. Q. E. D.

PROPOSICIÓN 5

Si un número cubo, al multiplicar a algún número, hace un (número) cubo, el número multiplicado también será cubo.

Pues haga el número cubo A, al
multiplicar a un número B, el número cubo Γ.

Digo que B es cubo.

Pues A, al multiplicarse por sí
mismo, haga el (número) Δ; entonces Δ es cubo [IX, 3], y dado
que A, al multiplicarse por sí mismo, ha hecho el (número)
Δ y, al multiplicar a B, ha hecho el (número) Γ, entonces,
como A es a B, Δ es a Γ [VII, 17]. Ahora bien, puesto que
Δ, Γ son cubos, son sólidos semejantes. Por tanto, entre Δ,
Γ caen dos números (que son) medias proporcionales
[VIII, 19]. Ahora bien, como Δ es a Γ, así A es a B; entonces también entre A, B caen dos números (que son) medias proporcionales [VIII, 8]. Pero A es cubo.

Por consiguiente, también B es cubo [VIII, 23], Q. E. D.

PROPOSICIÓN 6

Si un número, al multiplicarse por sí mismo, hace un
(número) cubo, también él mismo será cubo.

Pues haga el número A, al multiplicarse por sí mismo,
el (número) cubo B.

Digo que A también es cubo.

Pues A, al multiplicar a B, haga el (número) Γ. Pues
bien, dado que A, al multiplicarse por sí mismo, ha hecho
el (número) B y, al multiplicar a B, ha hecho el (número)
Γ, entonces Γ es cubo. Y puesto que A, al multiplicarse
por sí mismo, ha hecho el (número) B, entonces A mide
según sus propias unidades a B. Pero también la unidad
mide a A según sus unidades. Entonces, como la unidad es

A ⊢————————————⊣

B ⊢————————⊣

Γ ⊢——————————————⊣

a A, así A es a B [VII, Def. 21].
Ahora bien, puesto que A, al multiplicar a B, ha hecho el (número)
Γ, entonces B mide a Γ según las
unidades de A. Pero también la
unidad mide a A según sus unidades. Por tanto, como
la unidad es a A, así B a Γ [VII, Def. 21]. Pero como la
unidad es a A, así A a B; entonces, como A es a B, B es a Γ.
Y como B, Γ son cubos, son sólidos semejantes. Por tanto,
entre B, Γ hay dos números medios proporcionales [VIII,
19]. Ahora bien, como B es a Γ, A es a B. Luego entre A,
B hay dos números (que son) medias proporcionales [VIII,
8]. Pero B es cubo.

Por consiguiente, A también es cubo. Q. E. D.

PROPOSICIÓN 7

Si un número compuesto, al multiplicar a un número,
hace algún (número), el producto será sólido.

Haga, pues, el número compuesto A, al multiplicar a
un número B, el (número) Γ.

Digo que Γ es sólido.

Pues como A es compuesto, será medido por algún número [VII, Def. 14]. Sea medido por Δ y cuantas veces Δ

A ⊢————————⊣

B ⊢————⊣

Γ ⊢—————————⊣

Δ ⊢————⊣   E ⊢——————⊣

mide a A, tantas unidades haya en
E. En efecto, como Δ mide a A según las unidades de E, entonces E,
al multiplicar a Δ, ha hecho el (número) A [VII, Def. 16]. Ahora bien,
como A, al multiplicar a B, ha hecho Γ, y A es el producto de Δ, E,

entonces el producto de Δ, E, al multiplicar a B, ha hecho el (número) Γ.

Por consiguiente, Γ es sólido y sus lados son Δ, E, B. Q. E. D.

Si tantos números como se quiera a partir de una unidad son continuamente proporcionales, el tercero a partir de la unidad será cuadrado, así como todos los que dejan un intervalo de uno, y el cuarto será cubo, así como todos los que dejan un intervalo de dos, y el séptimo será al mismo tiempo cubo y cuadrado, así como todos los que dejan un intervalo de cinco.

Sean A, B, Γ, Δ, E, Z tantos números como se quiera con tinuamente proporcionales a partir de una unidad.

A ⊢————————⊣   Δ ⊢————————————⊣

B ⊢—————————⊣   E ⊢———————————————⊣

Γ⊢——————————⊣   Z ⊢—————————————————⊣

Digo que B, el tercero a partir de la unidad, es cuadrado, así como todos los que dejan un intervalo de uno, y Γ, el cuarto, es cubo, así como todos los que dejan un intervalo de dos, y Z, el séptimo, es al mismo tiempo cubo y cuadrado, así como todos los que dejan un intervalo de cinco.

Pues, como la unidad es a A, así A a B; entonces la unidad mide al número A el mismo número de veces que A a B [VII, Def. 21]. Pero la unidad mide a A según sus unidades; entonces, A mide a B también según las unidades de A. Luego, A, al multiplicarse por sí mismo, ha hecho el (número) B; por tanto, B es cuadrado. Ahora bien, puesto que B, Γ, Δ son continuamente proporcionales, y B es cuadrado, también Δ es cuadrado [VIII, 22]. Por lo mismo, Z también es cuadrado. De manera semejante demostraríamos que todos los que dejan un intervalo de uno son también cuadrados.

Digo además que Γ, el cuarto a partir de la unidad, es cubo, así como todos los que dejan un intervalo de dos.

Pues, como la unidad es a A, así B a Γ, entonces, la unidad mide al número A el mismo número de veces que B a Γ. Pero la unidad mide al número A según las unidades de A; entonces B mide a Γ según las unidades de A; por tanto, A, al multiplicar al número B, ha hecho el (número) Γ; y, en efecto, como A, al multiplicarse por sí mismo, ha hecho el (número) B y, al multiplicar a B, ha hecho el (número) Γ, entonces Γ es cubo. Ahora bien, como Γ, Δ, E, Z son continuamente proporcionales y Γ es cubo, entonces Z también es cubo [VIII, 23]; pero se ha demostrado que también es cuadrado; por tanto, el séptimo a partir de la unidad es cubo y cuadrado.

De manera semejante demostraríamos que todos los que dejan un intervalo de cinco son cubos y cuadrados. Q. E. D.[1].

---

[1] En la progresión geométrica $1, a, a^2, a^3, a^4, a^5, a^6, a^7...$
Los términos $3.^o = a^2, 5.^o = a^4$ y $7.^o = a^6$ son cuadrados.
Los términos $4.^o = a^3, 7.^o = a^6$ y $10.^o = a^9$ son cubos.
Los términos $7.^o = a^6$ y $13.^o = a^{12}$ son cuadrados y cubos a la vez.

PROPOSICIÓN 9

*Si tantos números como se quiera a partir de una uni-
dad son continuamente proporcionales, y el número siguiente a la unidad es cuadrado, todos los demás serán
también cuadrados, y si el número siguiente a la unidad es
cubo, todos los demás serán también cubos.*

Sean A, B, Γ, Δ, E, Z tantos números como se quiera
continuamente proporcionales a partir de una unidad, y
sea A, el siguiente a la unidad, cuadrado.

Digo que también todos los demás serán cuadrados.

Se ha demostrado, en efecto, que B, el tercero a partir
de la unidad, es cuadrado, así como todos los que dejan un
intervalo de uno [IX, 8].

Digo que todos los demás son también cuadrados.

Pues como A, B, Γ son continuamente proporcionales
y A es cuadrado, también Γ es cuadrado [VIII, 22]. Como
B, Γ, Δ son a su vez continuamente proporcionales y B es
cuadrado, Δ es también cuadrado [VIII, 22]. De manera
semejante demostraríamos que todos los demás son cuadrados.

A ├──────────────┤

B ├────────────────┤

Γ ├──────────────────────┤

Δ ├────────────────────────┤

E ├──────────────────────────────────┤

Z ├──┤

Pero ahora sea A cubo.

Digo que también todos los demás son cubos.

Se ha demostrado, en efecto, que Γ, el cuarto a partir de la unidad, es cubo, así como todos los que dejan un intervalo de dos [IX, 8].

Digo que todos los demás son también cubos.

Puesto que como la unidad es a A, así A a B, entonces la unidad mide a A el mismo número de veces que A a B. Pero la unidad mide a A según sus unidades, entonces A mide según sus propias unidades a B; así pues, A, al multiplicarse por sí mismo, ha hecho B. Y A es cubo. Pero si un número cubo, al multiplicarse por sí mismo, hace algún (número), el producto es cubo [IX, 3]; entonces B es cubo. Ahora bien, puesto que los cuatro números A, B, Γ, Δ son continuamente proporcionales y A es cubo, entonces Δ es cubo [VIII, 23]. Luego, por lo mismo, E es también cubo y de manera semejante todos los demás son cubos. Q. E. D.

PROPOSICIÓN 10

Si tantos números como se quiera a partir de una unidad son [continuamente] proporcionales y el siguiente a la unidad no es cuadrado, ningún otro será cuadrado salvo el tercero a partir de la unidad y todos los que dejan un intervalo de uno. Y si el siguiente a la unidad no es cubo, ningún otro será cubo salvo el cuarto a partir de la unidad y todos los que dejan un intervalo de dos.

Sean A, B, Γ, Δ, E, Z tantos números como se quiera continuamente proporcionales a partir de una unidad y A, el siguiente a la unidad, no sea cuadrado.

Digo que ningún otro será cuadrado salvo el tercero a partir de la unidad [y los que dejan un intervalo de uno].

Pues, si es posible, sea Γ cuadrado. Pero B también es cuadrado [IX, 8]. Entonces B, Γ guardan entre sí la razón

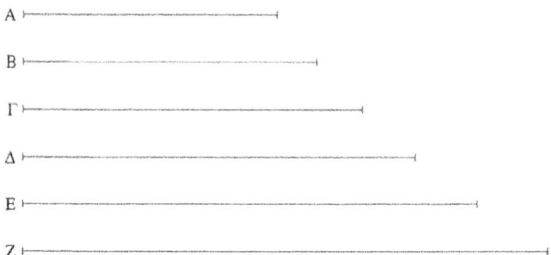

que un número cuadrado guarda con un número cuadra-
do². Y como B es a Γ, A es a B; entonces A, B guardan
entre sí la razón que un número cuadrado guarda con un
número cuadrado; de modo que A, B son (números) planos semejantes [VIII, 26 conversa]. Ahora bien, B es cuadrado; luego A es también cuadrado; lo que precisamente
se ha supuesto que no. Por tanto, Γ no es cuadrado.

De manera semejante demostraríamos que ningún otro
es cuadrado salvo el tercero a partir de la unidad y los que
dejan un intervalo de uno.

Pero ahora no sea A cubo.

Digo que ningún otro será cubo salvo el cuarto a partir
de la unidad y los que dejan un intervalo de dos.

Pues, si es posible, sea Δ cubo. Pero Γ también es cubo:
pues es el cuarto a partir de la unidad [IX, 8]. Y como Γ es
a Δ, B es a Γ; entonces B guarda con Γ la razón que un
cubo (guarda) con un cubo. Ahora bien, Γ es cubo; entonces B también es cubo [VIII, 25]. Y dado que, como la

---

² En sus notas a la traducción al latín de los *Elementos*, Heiberg
dice que las palabras «de modo que A, B son planos semejantes» quizá
sean espurias, porque resulta más difícil utilizar VIII 24, que la conversa
de VIII 26. Además, el uso de VIII 24, se correspondería mejor con la
utilización de VIII 25, en la parte relativa a cubos. Sin embargo no atetiza esta parte en su edición.

unidad es a A, A es a B, y la unidad mide a A según sus unidades, entonces, A mide según sus propias unidades a B. Por tanto, A, al multiplicarse por sí mismo, ha hecho el (número) cubo B. Pero si un número al multiplicarse por sí mismo hace un (número) cubo, también él mismo será cubo [IX, 6]. Entonces A también es cubo, lo que precisamente se ha supuesto que no. Así pues, Δ no es cubo. De manera semejante demostraríamos que ningún otro es cubo salvo el cuarto a partir de la unidad y los que dejan un intervalo de dos. Q. E. D.

PROPOSICIÓN 11

Si tantos números como se quiera a partir de una unidad son continuamente proporcionales, el menor mide al mayor según uno de los que se encuentran entre los números proporcionales.

Sean B, Γ, Δ, E, tantos números como se quiera continuamente proporcionales a partir de la unidad A.

Digo que B, el menor de los (números) B, Γ, Δ, E, mide a E según uno de los (números) Γ, Δ.

Puesto que, como la unidad A es a B, así Δ a E, entonces, la unidad A mide al número B el mismo número de veces que Δ a E; así pues, por alternancia, la unidad A mide a Δ el mismo número de veces que B a E [VII, 15]. Pero la unidad A mide a Δ según sus unidades; entonces, B también mide a E según las unidades de Δ; de modo que el menor, B, mide al mayor, E, según un número de los que se encuentran entre los números proporcionales.

A |————————|

B |————————————|

Γ |————————————————|

Δ |————————————————————|

E |————————————————————————|

Porisma:

Y queda claro que aquel lugar que tenga el (número) que mide a partir de la unidad, el mismo lugar tiene también el (número) según el cual mide a partir del (número) medido en la dirección del (número) anterior a él. Q. E. D.[3].

PROPOSICIÓN 12

Si tantos números como se quiera a partir de una unidad son continuamente proporcionales, por cuantos números primos sea medido el último, por los mismos será medido también el siguiente a la unidad.

Sean A, B, Γ, Δ cuantos números se quiera proporcionales a partir de una unidad.

Digo que por cuantos números primos sea medido Δ, por los mismos será medido A.

Pues sea medido Δ por algún número primo E.

Digo que E mide a A.

Pues supongamos que no; pero E es primo, y todo número primo es primo con respecto al (número) al que no mide [VII, 29]; entonces E, A son primos entre sí. Y ya

---

[3] El porisma se puede relacionar con una proposición de Arquímedes en el *Arenario*, en la que estipula que, si dos números en proporción continua a partir de la unidad se multiplican entre sí, el producto estará en la misma serie y su lugar a partir del factor mayor será igual al lugar del factor menor a partir de la unidad, y distará de la unidad un lugar menos que la suma de los factores a partir de la unidad.

Esta regla hace posible determinar en la progresión geométrica A, B, Γ, Δ, E, Z, H, Θ, I, K, Λ, en la que A = 1, el producto de Δ. Θ con relación a Λ, dado que Λ dista de Θ tanto como Δ de A. Además establece que el número A puede hallarse reduciendo la suma de los números Δ y Θ en 1.

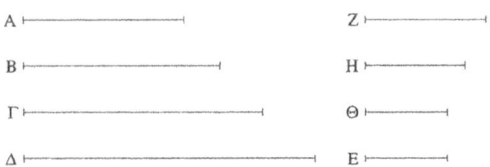

que E mide a Δ, mídalo según las unidades de Z. Entonces E, al multiplicar a Z, ha hecho el (número) Δ. Y puesto que, a su vez, A mide a Δ según las unidades de Γ [IX 11], entonces A, al multiplicar a Γ, ha hecho el (número) Δ. Pero, en efecto, E, al multiplicar a Z, ha hecho también el (número) Δ; entonces, el (producto) de A, Γ es igual al (producto) de E, Z. Así pues, como A es a E, Z es a Γ [VII, 19]. Pero A, E son primos, y los primos son también los menores [VII, 21], y los menores miden a los que guardan la misma razón con ellos el mismo número de veces, el antecedente al antecedente y el consecuente al consecuente [VII, 20]; entonces E mide a Γ. Mídalo según H; entonces E, al multiplicar a H, ha hecho el (número) Γ. Pero, además, por la (proposición) anterior, A, al multiplicar a B, ha hecho también el (número) Γ [IX, 11 Por.]. Así pues, el producto de A, B es igual al producto de E, H. Por tanto, como A es a E, H es a B [VII, 19]. Pero A, E son primos, y los primos son también los menores [VII, 21], y los números menores miden a los que guardan la misma razón que ellos el mismo número de veces, el antecedente al antecedente y el consecuente al consecuente [VII, 20]; por tanto, E mide a B. Mídalo según Θ; entonces E, al multiplicar a Θ, ha hecho el (número) B. Pero además A, al multiplicarse por sí mismo, ha hecho también el (número) B [IX, 8]. Por tanto, el producto de E, Θ es igual al cuadrado de A. Luego, como E es a A, A es a Θ [VII, 19]. Pero A, E son primos, y los primos son los menores [VII,

2], y los menores miden a los que guardan la misma razón que ellos el mismo número de veces, el antecedente al antecedente y el consecuente al consecuente [VII, 20]; así pues, E mide a A como el antecedente al antecedente. Pero, por otra parte, no lo mide. Lo cual es imposible. Entonces E, A no son primos entre sí, luego son compuestos. Pero los compuestos son medidos por un número [VII, Def. 15]. Ahora bien, como se ha supuesto que E es primo, y el (número) primo no es medido por otro número que (no sea) él mismo, entonces E mide a A, E; de modo que E mide a A. Y mide también a Δ: entonces E mide a A, Δ[4]. De manera semejante demostraríamos que por cuantos números primos sea medido Δ, por los mismos será medido A. Q. E. D.

---

[4] Heiberg, en el comentario añadido a su traducción latina de los *Elementos*, señala que las palabras «pero mide también a Δ: entonces E mide a Δ» son superfluas y quizás hayan sido interpoladas. La prueba de esta proposición es una muestra de una notable reducción apagógica, en la que la proposición misma se sigue lógicamente —por reducción al absurdo— de su propia negación. Clavio dio el nombre de «consequentia mirabilis» a este patrón reductivo y desmintió la pretensión de Cardano de haber sido el primero en utilizar este procedimiento de prueba. Por lo demás, luego cobró especial relieve en geometría gracias al intento de G. Saccheri (en su *Euclides ab omni naevo vindicatus*, 1733) de demostrar el famoso postulado de las paralelas en sus términos; el intento, como hoy es bien sabido, fue un intento fallido; no obstante, en el curso de su trabajo, Saccheri se encontró con diversos resultados geométricos no euclidianos, aunque, desde luego, no llegó a reconocerles la significación y la entidad que adquirieron a partir de las geometrías no euclidianas del s. XIX.

PROPOSICIÓN 13

*Si tantos números como se quiera a partir de una uni-
dad son continuamente proporcionales y el siguiente a la
unidad es primo, el mayor no será medido por ningún otro
fuera de los que se encuentran entre los números proporcionales.*

Sean A, B, Γ, Δ tantos números como se quiera continuamente proporcionales a partir de una unidad y sea A, el
siguiente a la unidad, primo.

Digo que Δ, el mayor de ellos, no será medido por ningún otro fuera de A, B, Δ.

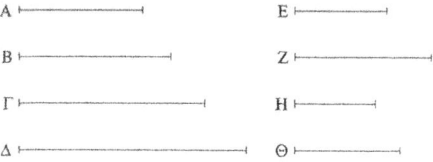

Pues, si fuera posible, sea medido por E, y no sea E el
mismo que ninguno de los (números) A, B, Γ. Está claro,
pues, que E no es primo. Porque, si E es primo y mide a Δ,
también medirá a A [IX, 12], que es primo sin ser el mismo que él. Lo cual es imposible. Entonces, E no es primo.
Luego es compuesto. Pero todo número compuesto es medido por algún número primo [VII, 31]. Por tanto, E es
medido por algún número primo.

Digo ahora que no será medido por ningún otro (número) primo salvo A. Pues, si E es medido por otro y E mide
a Δ, entonces ese otro también medirá a Δ [IX, 12]; de
modo que también medirá a A [IX, 12], que es primo sin
ser el mismo que él; lo cual es imposible. Así pues, A mide
a E. Y como E mide a Δ, mídalo según Z.

Digo que Z no es el mismo que ninguno de los (números) A, B, Γ. Porque si Z es el mismo que alguno de los (números) A, B, Γ y mide a Δ según E, entonces, uno de los (números) A, B, Γ mide a Δ según E. Pero uno de los (números) A, B, Γ mide a Δ según alguno de los (números) A, B, Γ [IX, 11]. Entonces E es el mismo que uno de los (números) A, B, Γ; lo que precisamente se ha supuesto que no. Por tanto, Z no es el mismo que ninguno de los (números) A, B, Γ. Demostraríamos ahora de manera semejante que Z es medido por A, demostrando que Z, a su vez, no es primo. Porque si (lo es) y mide a Δ, medirá también a A [IX, 12], que es primo sin ser el mismo que él; lo cual es imposible; por tanto, Z no es primo; luego es compuesto. Pero todo número compuesto es medido por algún número primo [VII, 31]; luego z es medido por algún número primo.

Digo ahora que no será medido por ningún otro (número) primo salvo A. Pues si algún otro (número) primo mide a Z y Z mide a Δ, entonces, ese otro medirá también a Δ; de modo que medirá también a A [IX, 12], que es primo sin ser el mismo que él; lo cual es imposible. Así pues, A mide a Z. Ahora bien, puesto que E mide a Δ según Z, entonces E, al multiplicar a Z, ha hecho el (número) Δ. Pero A, al multiplicar a Γ, ha hecho el número Δ [IX, 11]; entonces el producto de A, Γ es igual al producto de E, Z. Luego, proporcionalmente, como A es a E, así Z es a Γ [VII, 19]. Pero A mide a E; entonces Z mide también a Γ. Mídalo según H. De manera semejante demostraríamos que H no es el mismo que ninguno de los números A, B y que es medido por A. Y puesto que Z mide a Γ según H, entonces Z, al multiplicar a H, ha hecho el (número) Γ. Pero A, al multiplicar a B, ha hecho también el (número) Γ [IX, 11]; entonces el producto de A, B es igual al producto de Z, H. Luego, proporcionalmente, como A es a Z, H a B [VII, 19]. Pero A mide a Z; entonces H también mide a B. Mídalo según Θ. De manera semejante demostraríamos que Θ no es el mismo que A. Y puesto que H mide a B según Θ, entonces H, al multiplicar a Θ, ha hecho el (número) B. Pero A, al multiplicarse por sí mismo, ha hecho también el (número) B [IX, 8]. Entonces el producto de Θ, H es igual al cuadrado de A. Luego como Θ es a A, A es a H [VII, 19]. Pero A mide a H; luego Θ también mide a A, que es primo sin ser el mismo que él; lo cual es imposible.

Por consiguiente, el mayor, Δ, no será medido por otro número fuera de A, B, Γ. Q. E. D.

PROPOSICIÓN 14

Si un número es el menor medido por números primos, no será medido por ningún otro número primo fuera de los que le medían desde un principio.

Pues sea A el número menor medido por los números primos B, Γ, Δ.

Digo que A no será medido por ningún otro fuera de B, Γ, Δ.

Pues, si es posible, sea medido por el (número) primo E, y no sea E el mismo que ninguno de los números B, Γ, Δ. Ahora bien, como E mide a A, mídalo según Z; entonces E, al multiplicar a Z, ha hecho el (número) A. Y A es medido por los números primos B, Γ, Δ. Pero si dos números, al multiplicarse entre sí, hacen algún (número), y algún número primo mide a su producto, medirá también a uno de los iniciales [VII, 30]; entonces B, Γ, Δ medirán a uno de los (números) E, Z. Ahora bien, no medirán a E; porque E es primo y no es el mismo que ninguno de los (números) B, Γ, Δ. Entonces, medirán a Z que es menor que A; lo cual es imposible. Porque se ha supuesto que A es el menor medido por B, Γ, Δ. Por consiguiente, ningún número primo mide a A, fuera de B, Γ, Δ. Q. E. D.[5]

PROPOSICIÓN 15

Si tres números continuamente proporcionales son los menores de los que guardan la misma razón que ellos, cualesquiera dos tomados juntos son primos con respecto al restante.

Sean A, B, Γ tres números continuamente proporcionales, los menores de los que guardan la misma razón que ellos.

Digo que dos cualesquiera de los (números) A, B, Γ tomados juntos son primos con respecto al restante, tanto A, B con respecto a Γ, como B, Γ con respecto a A, como también A, Γ con respecto a B.

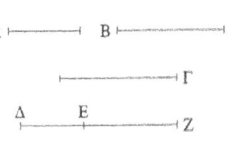

Tómense pues los números ΔE, EZ, los menores de los que guardan la misma razón que A, B, Γ [VIII, 2]. Está claro que ΔE, al multiplicarse por sí mismo, ha hecho el (número) A, mientras que, al multiplicar a EZ, ha hecho el (número) B, y además EZ, al multiplicarse por sí mismo, ha hecho el (número) Γ [VIII, 2]. Y como ΔE, EZ son

---

[5] En otras palabras, la descomposición de un número en factores primos es unívoca.

los menores, son primos entre sí [VII, 22]. Pero, si dos números son primos entre sí, también la suma de ambos es
primo con respecto a cada uno de los dos [VII, 28]. Entonces ΔZ también es primo con respecto a cada uno de los
(números) ΔE, EZ.

Pero, en efecto, ΔE también es primo con respecto a
EZ; entonces ΔZ, ΔE son primos con respecto a EZ. Pero
si dos números son primos con respecto a un (número), su
producto también es primo con respecto al restante [VII,
24]; de modo que el producto de ZΔ, ΔE es primo con
respecto a EZ. De modo que el producto de ZΔ, ΔE es
primo con respecto al cuadrado de EZ [VII, 25]. Pero el
producto de ZΔ, ΔE es el cuadrado de ΔE junto con el producto de ΔE, EZ [II, 3]; entonces, el cuadrado de ΔE junto
con el producto de ΔE, EZ es primo con respecto al cuadrado de EZ. Ahora bien, el cuadrado de ΔE es A, mientras que el producto de ΔE, EZ es B y el cuadrado de EZ
es Γ. Por tanto, A, B tomados juntos son primos con respecto a Γ. De manera semejante demostraríamos que B, Γ
tomados juntos son primos con respecto a A.

Digo además que A, Γ tomados juntos son también primos con respecto a B.

Pues, dado que ΔZ es primo con respecto a cada uno de
los (números) ΔE, EZ, el cuadrado de ΔZ es también primo con respecto al producto de ΔE, EZ [VII, 24-25]. Pero
los cuadrados de ΔE, EZ junto con dos veces el producto
de ΔE, EZ son iguales al cuadrado de ΔZ [II, 4]; por tanto,
los cuadrados de ΔE, EZ junto con dos veces el producto
de ΔE, EZ son primos con respecto al producto de ΔE,
EZ. Por separación, los cuadrados de ΔE, EZ junto con
una vez el producto de ΔE, EZ son primos con respecto al
producto de ΔE, EZ. Así pues, también, por separación,
los cuadrados de ΔE, EZ son primos con respecto al pro-

ducto de ΔE, EZ. Ahora bien, el cuadrado de ΔE es A, mientras que el producto de ΔE, EZ es B, y el cuadrado de EZ es Γ.

Por consiguiente, A, Γ tomados juntos son primos con respecto a B. Q. E. D.[6].

PROPOSICIÓN 16

Si dos números son primos entre sí, como el primero es al segundo, el segundo no será a ningún otro.

Pues sean A, B dos números primos entre sí.

Digo que como A es a B, así B no será a ningún otro.

Pues, si fuera posible, sea B a Γ como A a B. Pero A, B son primos, y los primos son también los menores y los números menores miden a los que guardan la misma razón que ellos el mismo número de veces, el antecedente al antecedente y el consecuente al consecuente [VII, 20]; entonces A mide a B como el antecedente al antecedente. Pero también se mide a sí mismo; entonces A mide a A, B, que son primos entre sí; lo cual es absurdo.

Por consiguiente, B no será a Γ como A a B. Q. E. D.

---

[6] Esta proposición permite establecer de manera relativamente sencilla la imposibilidad de dividir un segmento en extrema y media razón racionales, operación que se expresa mediante la ecuación: $a^2 + ab = b^2$ (siendo a y b enteros). Su última parte se puede relacionar con un problema que aparece ya en las tablillas babilonias: hallar un rectángulo de lados racionales, dada la razón entre su área y el cuadrado de la diagonal.

PROPOSICIÓN 17

Si tantos números como se quiera son continuamente
proporcionales y sus extremos son primos entre sí, como
el primero es al segundo, el último no será a ningún otro.

Sean A, B, Γ, Δ tantos números como se quiera continuamente proporcionales y sean sus extremos, A, Δ, primos entre sí.

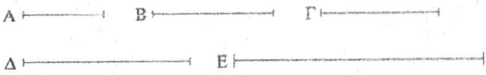

Digo que como A es a B, así Δ a ningún otro.

Pues, si fuera posible, sea Δ a E como A a B; entonces,
por alternancia, como A es a Δ, B es a E [VIII, 13]. Pero
A, Δ son primos, y los primos son también los menores
[VII, 21], y los números menores miden a los que guardan
la misma razón el mismo número de veces, el antecedente
al antecedente y el consecuente al consecuente [VII, 20].
Entonces, A mide a B. Ahora bien, como A es a B, así B a
Γ. Entonces, B mide también a Γ. De modo que A mide
también a Γ. Y dado que, como B es a Γ, Γ es a Δ y B
mide a Γ, entonces Γ también mide a Δ. Pero A medía a Γ;
de modo que A mide también a Δ. Pero se mide también a
sí mismo. Entonces, A mide a A, Δ, que son primos entre sí;
lo cual es imposible.

Por consiguiente, como A es a B, Δ no será a ningún
otro. Q. E. D.

PROPOSICIÓN 18

Dados dos números, investigar si es posible hallar un tercero proporcional.

Sean A, B los dos números dados y sea lo requerido investigar si es posible hallar un tercero proporcional a ellos.

Así pues, A, B o son primos entre sí, o no. Ahora bien, si son primos entre sí, se ha demostrado que es imposible hallar un tercero proporcional a ellos [IX, 16].

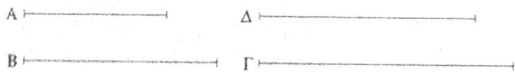

Pero ahora no sean A, B primos entre sí, y B, al multiplicarse por sí mismo, haga el (número) Γ; entonces A o mide a Γ o no lo mide. En primer lugar mídalo según Δ; entonces A, al multiplicar a Δ, ha hecho el (número) Γ. Pero, en efecto, B, al multiplicarse por sí mismo, ha hecho también el número Γ; entonces el producto de A, Δ es igual al cuadrado de B. Así pues, como A es a B, así B a Δ [VII, 19]. Por tanto, se ha hallado el número Δ tercero proporcional a A, B.

Pero ahora no mida A a Γ.

Digo que es imposible hallar un número tercero proporcional a A, B.

Pues, si fuera posible, hállese el número Δ (como tercero proporcional). Entonces el producto de A, Δ es igual al cuadrado de B. Pero el cuadrado de B es Γ, luego el producto de A, Δ es igual a Γ. De modo que A, al multiplicar a Δ, ha hecho Γ. Por tanto, A mide a Γ según Δ. Pero se ha supuesto que no lo mide; lo cual es absurdo.

Por consiguiente, no es posible hallar un número tercero proporcional a A, B cuando A no mide a Γ. Q. E. D.

PROPOSICIÓN 19

Dados tres números, investigar cuándo es posible hallar un cuarto proporcional a ellos.

Sean A, B, Γ los tres números dados y sea lo requerido investigar cuándo es posible hallar un cuarto proporcional a ellos.

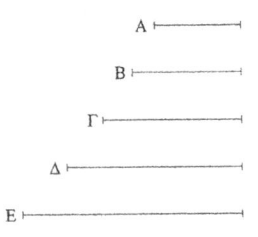

Pues bien, o no son continuamente proporcionales y sus extremos son primos entre sí, o son continuamente proporcionales y sus extremos no son primos entre sí, o ni son continuamente proporcionales ni sus extremos son primos entre sí, o son continuamente proporcionales y sus extremos son primos entre sí.

Si, en efecto, A, B, Γ son continuamente proporcionales y sus extremos A, Γ son primos entre sí, se ha demostrado que es imposible hallar un número cuarto proporcional a ellos [IX, 17]. No sean ahora A, B, Γ continuamente proporcionales, siendo sus extremos, a su vez, primos entre sí.

Digo que, en este caso, también es imposible hallar un cuarto proporcional a ellos.

Pues, si fuera posible, hállese Δ, de modo que como A es a B, así Γ a Δ. Y resulte que, como B es a Γ, así Δ a E, y dado que, como A es a B, Γ es a Δ, y como B es a Γ, Δ es a E, entonces, por igualdad, como A es a Γ, Γ es a E [VII, 14]. Pero A, Γ son primos, y los primos son los menores [VII, 21] y los menores miden a los que guardan la misma razón, el antecedente al antecedente y el consecuente al consecuente [VII, 20]. Entonces, A mide a Γ como antecedente a antecedente. Pero también se mide a sí mismo. Entonces, A mide a A, Γ, que son primos entre sí, lo cual es imposible. Así pues, no es posible hallar un cuarto proporcional a A, B, Γ.

Ahora sean A, B, Γ continuamente proporcionales pero no sean sus extremos primos entre sí.

Digo que es posible hallar un cuarto proporcional a ellos. Pues haga B, al multiplicar a Γ, el (número) Δ; entonces A o mide a Δ o no lo mide. En primer lugar mídalo según E; entonces A, al multiplicar a E, ha hecho el (número) Γ.

Pero, en efecto, B, al multiplicar a Γ, ha hecho también el (número) Δ; entonces el producto de A, E es igual al producto de B, Γ. Luego, proporcionalmente, como A es a B, Γ es a E [VII, 19]; por tanto, se ha hallado el cuarto proporcional E de A, B, Γ.

Pero ahora no mida A a Δ.

Digo que es imposible hallar un número cuarto proporcional a A, B, Γ. Pues, si fuera posible, hállese E; entonces, el producto de A, E es igual al producto de B, Γ [VII, 19]. Pero el producto de B, Γ es Δ; luego el producto de A, E es igual a Δ. Por tanto, A, al multiplicar a E, ha hecho el (número) Δ. Entonces A mide a Δ según E; de modo que A mide a Δ. Pero asimismo no lo mide; lo cual es absurdo. Así pues, no es posible hallar un número cuarto proporcional a A, B, Δ, cuando A no mide a Δ.

Pero ahora, ni sean A, B, Δ continuamente proporcionales, ni sus extremos primos entre sí. Y haga B, al multiplicar a Γ, el (número) Δ. De manera semejante se demostraría que, si A mide a Δ, es posible hallar un cuarto proporcional a ellos, pero, si no lo mide, es imposible. Q. E. D.[7].

---

[7] Euclides presenta cuatro casos:

PROPOSICIÓN 20

Hay más números primos que cualquier cantidad propuesta de números primos.

Sean A, B, Γ los números primos propuestos.

Digo que hay más números primos que A, B, Γ.

Pues tómese el número menor medido por A, B, Γ y sea ΔE y añádase a ΔE la unidad EZ. Entonces EZ o es primo o no. Sea primo en primer lugar; entonces han sido hallados los números primos A, B, Γ, EZ, (que son) más que A, B, Γ.

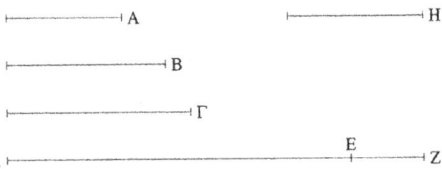

Pero ahora no sea primo EZ; entonces es medido por algún número primo [VII, 31]: sea medido por el número primo H.

Digo que H no es el mismo que ninguno de los números A, B, Γ. Pues, si fuera posible, séalo. Pero A, B, Γ miden a ΔE; entonces H medirá también a ΔE. Pero mide

---

a) a: $b \neq b$: c, siendo a y c primos entre sí.

b) a: b:: b: c, no siendo a y c primos entre sí.

c) a: $b \neq b$: c, no siendo a y c primos entre sí.

d) a: b:: b: c, siendo a y c primos entre sí.

La prueba del «caso a» que se presenta en segundo lugar en esta proposición es incorrecta (cf. HEATH, ed. cit., pág. 411, e ITARD, ed. cit., pág. 185).

En todo caso y en el presente contexto de la razón aritmética euclídea, la condición suficiente para que se pueda hallar un cuarto proporcional a A, B, Γ es que A mida a B, Γ.

asimismo a EZ; y H, siendo un número, medirá también a la unidad restante ΔZ; lo cual es absurdo. Luego H no es el mismo que ninguno de los (números) A, B, Γ. Y se ha supuesto que es primo. Por consiguiente, han sido hallados más números primos que la cantidad propuesta de los (números) A, B, Γ. Q. E. D.[8]

PROPOSICIÓN 2I

Si se suman tantos números pares como se quiera, el total es par.

Súmense pues AB, BΓ, ΓΔ, ΔE, tantos números pares como se quiera.

Digo que el total AE es par.

Pues como cada uno de los (números) AB, BΓ, ΓΔ, ΔE es par, tiene una mitad [VII, Def. 6]; de modo que también el total AE tiene una mitad. Pero un número par es el que se divide en dos partes iguales [VII, Def. 6].

Por consiguiente, AE es par. Q. E. D.[9]

---

[8] Esta proposición tiene gran interés, pues establece que el conjunto de números primos es infinito.

[9] Esta proposición y las siguientes parecen recoger la teoría pitagórica del par/impar. Las pruebas suponen tácitamente algunas propiedades de la adición, como la conmutatividad o la asociatividad. El venerable legado pitagórico ha sido reconstruido sobre la base de las conjeturas avanzadas por O. BECKER: «Die lehre vom Geraden und Ungeraden im neunten Buch der euklidischen *Elemente*», *Quellen und Studien zur Geschichte der Mathem., Astron. u. Physik*, Abt. B 3 (1936), 533-553. Puede verse un panorama de los resultados y problemas inherentes a su

PROPOSICIÓN 22

Si se suman tantos números impares como se quiera y su cantidad es par, el total será par.

Súmense, pues, AB, BΓ, ΓΔ, ΔE, tantos números impares como se quiera, en cantidad par.

Digo que el total AE es par.

Pues, como cada uno de los (números) AB, BΓ, ΓΔ, ΔE es impar, si se quita una unidad de cada uno, cada uno de los restantes será par [VII, Def. 7]; de modo que también la suma de ellos será par [IX, 21]. Pero también la cantidad de unidades es par.

Por consiguiente, el total AE es par. Q. E. D.

PROPOSICIÓN 23

Si se suman tantos números impares como se quiera y su cantidad es impar, también el total será impar.

Súmense, pues, AB, BΓ, ΓΔ, tantos números impares como se quiera cuya cantidad sea impar.

Digo que también el total AΔ será impar.

reconstrucción en W. R. Knorr, *The Evolution of Euclidean Elements*, Dordrecht/Boston, 1975, págs. 131-169 en particular, y «Problems in the interpretation of Greek number theory», *Studies in History and Philosophy of Science* 7 (1976), 353-368.

Quítese de ΓΔ la unidad ΔE; entonces el resto ΓE es par [VII, Def. 7]. Pero también ΓA es par [IX, 22]. Ahora bien, ΔE es una unidad.

Por consiguiente, AΔ es impar [VII, Def. 7]. Q. E. D.

PROPOSICIÓN 24

Si de un número par se quita un número par, el resto será par.

Quítese, pues, del (número) par AB
el (número) par BΓ.

A ——————————— Γ ——————— B

Digo que el resto ΓA es par.

Pues como AB es par, tiene una mitad [VII, Def. 6]; por lo mismo, BΓ tiene también una mitad; de modo que el resto ΓA [tiene también una mitad.

Por consiguiente], AΓ es par. Q. E. D.

PROPOSICIÓN 25

Si de un número par se quita un número impar, el resto será impar.

Quítese, pues, del número par AB el (número) impar BΓ.

Digo que el resto ΓA es impar.

A ————— Γ ——— Δ — B

Quítese, pues, de BΓ la unidad ΓΔ; entonces ΔB es par [VII, Def. 7]. Pero también AB es par; así pues, el resto AΔ es par [IX, 24]. Ahora bien, ΓΔ es una unidad.

Por consiguiente, ΓA es impar [VII, Def. 7]. Q. E. D.

PROPOSICIÓN 26

Si de un número impar se quita un número impar, el resto será par.

Quítese, pues, del número impar AB el número impar BΓ. Digo que el resto ΓA es par.

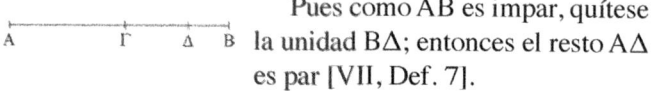

Pues como AB es impar, quítese la unidad BΔ; entonces el resto AΔ es par [VII, Def. 7].

Por lo mismo, ΓΔ también es par [VII, Def. 7]; de modo que también el resto ΓA es par [IX, 24]. Q. E. D.

PROPOSICIÓN 27

Si de un número impar se quita un número par, el resto será impar.

Quítese, pues, del (número) impar AB el (número) par BΓ. Digo que el resto ΓA es impar.

Pues quítese la unidad AΔ; entonces ΔB es par [VII, Def. 7]. Pero BΓ también es par; entonces el resto también es par [IX, 24].

Por consiguiente, ΓA es impar. Q. E. D.

PROPOSICIÓN 28

Si un número impar, al multiplicar a un número par, hace algún (número), el producto será par.

Haga pues el (número) impar A, al multiplicar al (número) par B, el (número) Γ.

Digo que Γ es par.

Pues como A, al multiplicar a B, ha hecho el (número) Γ, entonces Γ se compone de tantos (números) iguales a B como unidades hay en A [VII, Def. 16]. Ahora bien, B es par; entonces Γ se compone de (números) pares. Pero, si se suman tantos números pares como se quiera, el total es par [IX, 21].

Por consiguiente, Γ es par. Q. E. D.

PROPOSICIÓN 29

Si un número impar, al multiplicar a un número impar, hace algún (número), el producto será impar.

Haga pues el número impar A, al multiplicar al impar B, el (número) Γ.

Digo que Γ es impar.

Pues como A al multiplicar a B ha hecho Γ, entonces Γ se compone de tantos (números) iguales a B como unidades hay en A [VII, Def. 16].

Ahora bien, cada uno de los (números) A, B es impar; por tanto, Γ se compone de números impares cuya cantidad es impar, de modo que Γ es impar [IX, 23]. Q. E. D.

PROPOSICIÓN 30

Si un número impar mide a un número par, también medirá a su mitad.

Mida, pues, el número impar A al número par B.
Digo que también medirá a su mitad.
Pues como A mide a B, mídalo según Γ.
Digo que Γ no es impar.

Pues, si fuera posible, séalo.

Y, dado que A mide a B según Γ, entonces A, al multiplicar a Γ, ha hecho B. Luego B se compone de números impares cuya cantidad es impar. Por tanto, B es impar [IX, 23]; pero se ha supuesto que es par. Entonces Γ no es impar; luego Γ es par. De modo que A mide a B un número par de veces. Por eso, también medirá a su mitad, Q. E. D.

PROPOSICIÓN 31

Si un número impar es primo con respecto a algún número, también será primo con respecto al doble.

Pues sea el número impar A primo con respecto al número B y sea Γ el doble de B.

Digo que A es primo con respecto a Γ.

Pues, si no son primos, un número los medirá. Mídalos y sea Δ. Ahora bien, A es impar; entonces Δ también es impar. Y como Δ siendo impar mide a Γ, y Γ es par, entonces medirá también a la mitad de Γ [IX, 30]. Pero la mitad de Γ es B. Entonces Δ mide también a B. Pero también mide a A. Entonces Δ mide a A, B, que son primos entre sí; lo cual es imposible. Por tanto, no es el caso de que

A no sea primo con respecto a Γ. Por consiguiente, A, Γ son primos entre sí. Q. E. D.

Cada uno de los números duplicados (sucesivamente) a partir de una díada es solo parmente par.

Sean B, Γ, Δ tantos números como se quiera resultado de duplicar (sucesivamente) la díada A.

Digo que B, Γ, Δ son solo parmente pares.

En efecto, está claro que cada uno de los (números) B, Γ, Δ son parmente pares: porque han sido duplicados a partir de una díada.

Digo también que solo (son parmente pares).

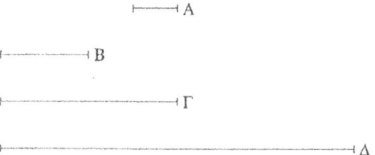

Póngase pues una unidad. Así pues, dado que tantos números como se quiera a partir de una unidad son continuamente proporcionales y A, el siguiente a la unidad, es primo, entonces Δ, el mayor de los (números) A, B, Γ, Δ, no es medido por ninguno fuera de A, B, Γ [IX, 13]. Ahora bien, cada uno de los (números) A, B, Γ es par; entonces Δ es solo parmente par [VII, Def. 8]. De manera semejante demostraríamos que cada uno de los números B, Γ solo es parmente par. Q. E. D.

PROPOSICIÓN 33

Si un número tiene su mitad impar es solo parmente impar.

Pues tenga el número A su mitad impar.

Digo que A es solo parmente impar.

En efecto, está claro que es parmente impar: porque, siendo su mitad impar, lo mide un número par de veces [VII, Def. 9].

Digo además que es solo (parmente impar).

A

Porque si A es también parmente par, será medido por un número par según un número par [VII, Def. 8]; de modo que también su mitad será medida por un número par siendo impar; lo cual es absurdo.

Por consiguiente, A es solo parmente impar. Q. E. D.

PROPOSICIÓN 34

Si un número no es uno de los duplicados (sucesiamente) a partir de una díada, ni tiene su mitad impar, es parmente par y parmente impar.

Pues no sea el número A uno de los duplicados a partir de una diada ni tenga su mitad impar.

Digo que A es parmente par y parmente impar.

En efecto, está claro que A es parmente par: porque no tiene su mitad impar [VII, Def. 8].

Digo además que también es parmente impar.

A

Pues, si dividimos A en dos partes iguales y también su mitad en dos partes iguales y hacemos eso sucesivamente, llegaremos a un número impar que medirá a A según un número par.

Porque, si no, llegaremos a una díada y A será uno de los duplicados a partir de una díada; lo cual precisamente se ha supuesto que no. De modo que A es parmente impar.
Pero se ha demostrado que también es parmente par.

Por consiguiente, A es parmente par y parmente impar. Q. E. D.[10].

PROPOSICIÓN 35

Si tantos números como se quiera son continuamente proporcionales, y se quitan del segundo y del último (números) iguales al primero, entonces, como el exceso del segundo es al primero, así el exceso del último será a todos los anteriores a él.

Sean A, BΓ, Δ, EZ tantos números como se quiera continuamente proporcionales empezando por el menor A, y quítense de BΓ y de EZ los (números) BH, ZΘ iguales respectivamente a A.

Digo que como HΓ es a A, así EΘ a A, BΓ, Δ.

Pues háganse ZK igual a BΓ y ZΛ igual a Δ. Y como ZK es igual a BΓ y su parte ZΘ es igual a BH, entonces el resto ΘK es igual al resto HΓ. Ahora bien, dado que como EZ es a Δ, así Δ a BΓ y BΓ a A, y Δ es igual a ZΛ, mientras que BΓ es igual a ZK y A a ZΘ, entonces, como EZ es a ZΛ, así ΛZ a ZK y ZK a ZΘ. Por separación, como EΛ es a ΛZ, así ΛK a ZK y KΘ a ZΘ [VII, 11, 13]. Entonces también, como uno de los antecedentes es a uno de los consecuentes, así todos los antecedentes a todos los consecuentes [VII, 12]; por tanto, como KΘ es a ZΘ, así EΛ,

[10] Cf. nota 73.

ΛΚ, ΚΘ a ΛΖ, ΖΚ, ΘΖ. Pero ΚΘ es igual a ΓΗ, mientras que ΖΘ es igual a Α, y ΛΖ, ΖΚ, ΘΖ a Δ, ΒΓ, Α. Luego como ΓΗ es a Α, así ΕΘ a Δ, ΒΓ, Α.

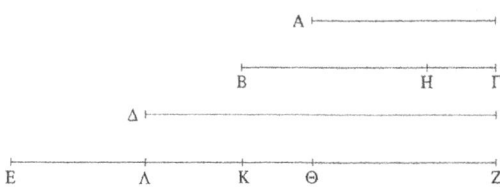

Por consiguiente, como el exceso del segundo es al primero, así el exceso del último a todos los anteriores a él. Q. E. D.[11].

Si tantos números como se quiera a partir de una unidad se disponen en proporción duplicada hasta que su (suma) total resulte (un número) primo, y el total multiplicado por el último produce algún número, el producto será (un número) perfecto.

Pues dispónganse tantos números como se quiera, Α, Β, Γ, Δ, a partir de una unidad en proporción duplicada hasta que su (suma) total resulte (un número) primo, y sea Ε igual al total, y Ε, al multiplicar a Δ, haga ΖΗ.

---

[11] Esta es probablemente la más interesante de las proposiciones aritméticas, puesto que ofrece un método para sumar cualquier serie de términos en progresión geométrica. La proposición prueba que:

$$(a_{n+1} - a_1) : (a_1 + a_2 + ... + a_n) :: (a_2 - a_1) : a_1$$

para una progresión geométrica cuyos términos sean:

$$a_1, a_2, a_3...a_n, a_{n+1}$$

Digo que ZH es un (número) perfecto.

Pues cuantos números son en cantidad A, B, Γ, Δ, tómense tantos números E, ΘK, Λ, M en proporción duplicada a partir de E; entonces, por igualdad, como A es a Δ, así E a M [VII, 14]. Así pues, el producto de E, Δ es igual al (producto) de A, M [VII, 19]. Ahora bien, el producto de E, Δ es ZH; entonces el (producto) de A, M es también ZH. Luego A, al multiplicar a M, ha hecho ZH; por tanto, M mide a ZH según las unidades de A. Pero A es una díada; luego ZH es el doble de M. Pero M, Λ, ΘK, E son sucesivamente el doble uno de otro; entonces E, ΘK, Λ, M, ZH son continuamente proporcionales en proporción duplicada.

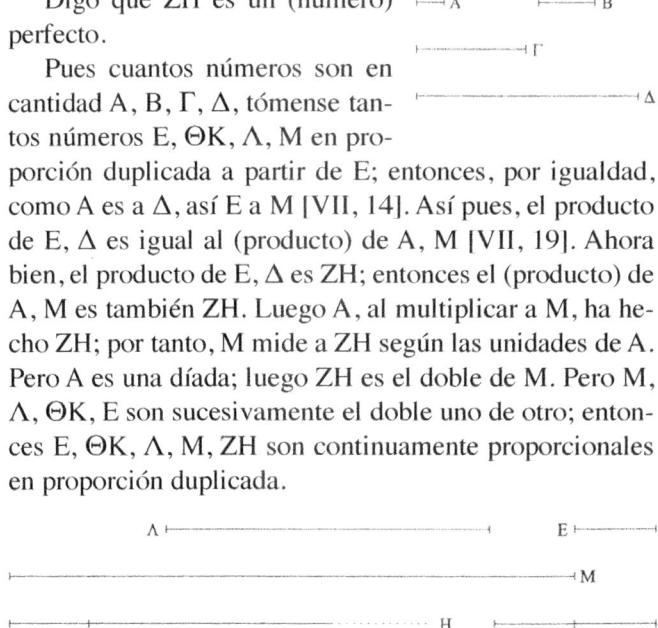

Ahora, del segundo ΘK y del último ZH quítense ΘN, ZΞ respectivamente iguales a E. Entonces, como el exceso del segundo número es al primero, así es el exceso del último a todos los anteriores a él [IX, 35]. Así pues, como NK es a E, así ΞH a M, Λ, KΘ, E. Y NK es igual a E; entonces ΞH también es igual a M, Λ, ΘK, E. Pero ZΞ también es igual a E, y E a A, B, Γ, Δ y la unidad. Así pues, el total ZH también es igual a los (números) E, ΘK, Λ, M y a los (números) A, B, Γ, Δ y la unidad; y es medido por ellos.

Digo que ZH no será medido por ningún otro fuera de A, B, Γ, Δ, E, ΘK, Λ, M y la unidad. Pues, de ser posible, mida un número o a ZH, y no sea o el mismo que ninguno de los números A, B, Γ, Δ, E, ΘK, Λ, M. Y cuantas veces o mida a ZH, tantas unidades haya en Π; entonces Π, al multiplicar a o, ha hecho ZH. Pero, en efecto, E, al multiplicar a Δ, ha hecho también ZH; entonces, como E es a Π, o es a Δ [VII, 19]. Y puesto que A, B, Γ, Δ son continuamente proporcionales a partir de una unidad, entonces Δ no será medido por ningún otro fuera de A, B, Γ [IX, 13]. Ahora bien, se ha supuesto que o no es el mismo que ninguno de los (números) A, B, Γ; por tanto, o no medirá a Δ. Pero, como o es a Δ, E es a Π; entonces E tampoco mide a Π [VII, Def. 21]. Y E es primo. Pero todo número primo es primo con respecto a todo aquel al que no mide [VII, 29]. Así pues, E, Π son primos entre sí. Pero los primos son también los menores [VII, 21] y los menores miden a los que guardan la misma razón que ellos el mismo número de veces, el antecedente al antecedente y el consecuente al consecuente [VII, 20]; ahora bien, como E es a Π, o es a Δ; entonces, E mide a o el mismo número de veces que Π a Δ. Pero Δ no es medido por ningún otro fuera de A, B, Γ; luego Π es el mismo que uno de los (números) A, B, Γ. Sea el mismo que B y cuantos son B, Γ, Δ en cantidad tómense tantos E, ΘK, Λ a partir de E. Ahora bien, E, ΘK, Λ guardan la misma razón que B, Γ, Δ; entonces, por igualdad, como B es a Δ, E es a Λ [VII, 14]. Luego el (producto) de B, Λ es igual al (producto) de Δ, E [VII, 19]; pero el (producto) de Δ, E es igual al (producto) de Π, o; entonces el (producto) de Π, o es igual al (producto) de B, Λ. Luego como Π es a B, Λ es a o [VII, 19]. Pero Π es el mismo que B; entonces Λ es el mismo que o; lo cual es imposible, porque se ha supuesto que o no era el mismo que ninguno de los (números) puestos, luego ningún número medirá a ZH fuera de A, B, Γ, Δ, E, ΘK, Λ, M y la unidad. Y se ha demostrado que ZH es igual a A, B, Γ, Δ, E, ΘK, M y la unidad. Pero un número perfecto es el que es igual a sus propias partes [VII, Def. 23].

Por consiguiente, ZH es un (número) perfecto. Q. E. D.[12].

---

[12] Si la suma de un número cualquiera de términos de una serie $1, 2, 2^2, ..., 2^{n-1}$ es un número primo y se multiplica por el último término, el producto será un número perfecto.

Teón de Esmirna y Nicómaco definen el número perfecto y dan la ley para su formación. Por otra parte, Euclides y Teón de Esmirna solo mencionan los dos primeros números perfectos: $2(2^2-1) = 6$ y $2^2(2^3-1) = 28$; Nicómaco explicita los dos siguientes: $2^4(2^5-1) = 496$ y $2^6(2^7-1) = 8.128$; el quinto fue calculado por Jámblico: $2^{12}(2^{13}-1) = 33.550.336$ (se halla en el ms. Latino Monac. 14.908). Los siguientes se fueron determinando mucho más tarde, a partir del siglo XVI.

ÍNDICE GENERAL